企业安全生产工作指导丛书

生产安全事故
应急救援与自救

主编　孙莉莎　贾丽

"企业安全生产工作指导丛书"编委会

陈　蔷　张龙连　任彦斌　杨　勇　焦　宇　佟瑞鹏
徐　敏　孙莉莎　贾　丽　唐贵才　马卫国　樊晓华
闫　宁　许　铭　高运增　孙　超

中国劳动社会保障出版社

图书在版编目(CIP)数据

生产安全事故应急救援与自救/孙莉莎,贾丽主编. -- 北京:中国劳动社会保障出版社,2018

(企业安全生产工作指导丛书)

ISBN 978-7-5167-2406-4

Ⅰ.①生… Ⅱ.①孙…②贾… Ⅲ.①企业安全-安全事故-应急对策-救援 Ⅳ.①X931

中国版本图书馆 CIP 数据核字(2018)第 053435 号

中国劳动社会保障出版社出版发行

(北京市惠新东街 1 号　邮政编码:100029)

*

三河市华骏印务包装有限公司印刷装订　新华书店经销

787 毫米×1092 毫米　16 开本　11.75 印张　191 千字
2018 年 4 月第 1 版　2022 年 8 月第 4 次印刷

定价: 35.00 元

读者服务部电话:(010)64929211/84209101/64921644
营销中心电话:(010)64962347
出版社网址:http://www.class.com.cn

内容简介

　　本书是"企业安全生产工作指导丛书"之一，是企业生产安全事故应急救援与自救工作的指导用书。该书详细叙述了企业生产安全事故应急救援管理体系建设、应急救援预案实施以及事故现场应急处置与自救等重要内容，并以生产安全事故类型及其所造成的伤害形式为基础，介绍了自救互救的方式方法。

　　全书共分为 6 章，主要内容包括：生产安全事故预防管理，生产安全事故应急救援管理，应急培训和预案的演练，典型生产安全事故现场应急处置，典型生产安全事故的避灾自救，生产安全事故现场紧急救护方法。本书内容注重企业生产安全事故应急管理和现场应急处置方法的讲解和事故现场自救互救能力的培养，是企业安全生产工作实务性学习读本，可作为企业主要负责人、安全生产技术与管理人员、其他生产部门相关人员的工作指导用书，也可作为企业职工、在校学生安全生产相关培训教材，还可作为企业安全生产宣传教育参考书。

前　言

　　党的十八大以来，党和国家高度重视安全生产，把安全生产作为民生大事，纳入到全面建成小康社会的重要内容之中。"人命关天，发展决不能以牺牲人的生命为代价。这必须作为一条不可逾越的红线。"习近平总书记多次强调安全生产，对安全生产工作高度重视。2015 年 8 月，习近平总书记对切实做好安全生产工作作出重要指示：各生产单位要强化安全生产第一意识，落实安全生产主体责任，加强安全生产基础能力建设，坚决遏制重特大安全生产事故发生。2016 年 1 月，习近平总书记对全面加强安全生产工作提出明确要求：必须强化依法治理，用法治思维和法治手段解决安全生产问题，加快安全生产相关法律、法规制定修订，加强安全生产监管执法，强化基层监管力量，着力提高安全生产法治化水平。随着我国安全生产事业的不断发展，严守安全底线、严格依法监管、保障人民权益、生命安全至上已成为全社会共识。

　　在党的十九大报告中，习近平总书记关于安全生产的重要论述，确立了新形势下安全生产的重要地位，揭示了现阶段安全生产的规律特点，体现了对人的尊重、对生命的敬畏，传递了生命至上的价值理念，对于完善我国安全生产理论体系，加快实施安全发展战略，促进安全生产形势根本好转，具有重大的理论和实践意义。近年来，随着历史上第一个以党中央、国务院名义出台的安全生产文件《中共中央　国务院关于推进安全生产领域改革发展的意见》的印发，《中华人民共和国安全生产法》《中华人民共和国职业病防治法》等法律和《危险化学品安全管理条例》等法规的修订，各类安全生产相关管理技术标准的制定、修订，我国的安全生产法制体系和管理技术工作得到了长足的发展与完善。

　　为了弘扬我国安全生产领域的改革发展成果，宣传近些年安全生产法律、法规和国家标准体系建设的新内容，规范指导企业在安全生产管理与技术工作中的方式、方法，中国劳动社会保障出版社组织中国矿业大学、中国地质大学、首都经贸大学、煤炭科学研究总院、中冶集团、北京排水集团、重庆城市管理职业学院等高等院校、研究院所和国有大型企业的专家学者编写了"企业安全生产工作指导丛书"。本套丛书第一批拟出版的分册包括：《安全生产法律法规文件汇编》《职业病防治法律法规文件汇编》《企业安全生产主体责任》《用人单位职业病防治》《安全生产规章制度编制指南》《企业安全生产标准化建设指南》《生产安全事故隐患排查与治理》《生产安全事故调查与统计分析》《企业职业安全健康管理实务》《生产安全事故应急救援与自救》《企业应急预案编制与实施》《外资企业安全管理工作实务》《安全生产常用专用术语》。本套丛书的各书种针对当前企业安全生产管理工作中的重点和难点，以最新法律、法规与技术标准为主线，全面分析并提出了实务工作的方式和方法。本套丛书的主要特点，一是针对性强，提炼企业安全生产管理工作中的重点并结合相关法律、法规和技术标准进行解读；二是理论与技术兼顾，注重安全生产管理理论与技术上的融合与创新，使安全生产管理工作有理有据；三是具有很好的指导性，强化了法律、法规和有关理论与技术的实际应用效果，以工作实际为主线，注重方式、方法上的可操作性。

期望本套丛书的出版对指导企业做好新时代安全生产工作有所帮助，使相关人员在安全生产管理工作与技术能力上有所提升。由于时间等因素的影响，本套丛书在编写过程中可能存在一些疏漏，敬请广大读者批评指正。

"企业安全生产工作指导丛书"编委会

2018 年 1 月

目　录

第五章　典型生产安全事故的避灾自救

第六章　生产安全事故现场紧急救护方法

第一章　生产安全事故预防管理

第一节　生产安全事故概述

一、事故的定义、分类及其特性

1. 事故的定义

事故是指在人们的生产或者生活活动过程中，突然发生的、违反人们意志的、迫使活动暂时或者永久停止，可能造成人员伤亡、财产损失或者环境污染的意外事件。

生产安全事故是指在生产经营活动（包括与生产经营有关的活动）过程中，突然发生的伤害人身安全和健康，或者损坏设备、设施，或者造成经济损失，导致原活动暂时中止或永远终止的意外事件。

《生产安全事故报告和调查处理条例》（国务院令第493号）将"生产安全事故"定义为：生产经营活动中发生的造成人身伤亡或直接经济损失的事件。

设备事故是指正式投入运行的设备，在生产过程中由于设备零件、构件损坏使生产突然中断或造成能源供应中断、设备损坏的行为或事件。其中，在生产过程中设备的安全保护装置正常动作，安全件损坏使生产中断，但未造成其他设备损坏的不列为设备事故。

《职业健康安全管理体系　要求》（GB/T 28001—2011）在"事件"这个术语中对事故进行了解释。该标准对事件（Incident）的定义是：发生或可能发生与工作相关的健康损害或人身伤害（无论严重程度），或死亡的情况。在此定义下方的注解中说明：

事故是一种发生人身伤害、健康损害或死亡的事件。未发生人身伤害、健康损害或死亡的事件通常称为"未遂事件"。紧急情况是一种特殊类型的事件。

2. 事故的分类

（1）按照事故发生的行业和领域可分为：

1）工矿商贸企业生产安全事故；

2）火灾事故；

3）道路交通运输事故；

4）农机事故；

5）水上交通事故。

（2）按照事故原因可分为物体打击事故、车辆伤害事故、机械伤害事故、起重伤害事故、触电事故、火灾事故、灼烫事故、淹溺事故、高处坠落事故、坍塌事故、冒顶片帮事故、透水事故、放炮事故、火药爆炸事故、瓦斯爆炸事故、锅炉爆炸事故、容器爆炸事故、其他爆炸事故、中毒和窒息事故、其他伤害事故共20种。

（3）按照造成事故的责任不同，分为责任事故和非责任事故两大类。责任事故是指由于人们违背自然或客观规律，违反法律、法规、规章和标准等行为造成的事故；非责任事故是指遭遇不可抗拒的自然因素或目前科学无法预测的原因造成的事故。

（4）按照事故造成的后果不同，分为伤亡事故和未遂事故。造成人身伤害的事故称为伤亡事故；未遂事故是指有可能造成严重后果，但由于偶然因素，实际上没有造成严重后果的事故。

美国著名安全工程师海因里希（Herbert William Heinrich）对未遂事故进行过较为深入的研究。他在调查了5 000多起伤害事故后发现，在330起类似的事故中，300起事故没有造成伤害，29起引起轻微伤害，1起造成了严重伤害。即严重伤害、轻微伤害和没有伤害的事故件数之比为1∶29∶300，这就是著名的海因里希法则（见图1—1）。而其中的300起无伤害事故，如果没有造成财产及其他损失，即为未遂事故。

海因里希法则告诉我们，要防止重大事故的发生必须减少和消除无伤害事故，要重视事故的苗头和未遂事故，否则终会酿成大祸。例如，某电子厂一名员工在对球磨机进行加水清洗作业时，左脚站在作业平台，右脚违规站在球磨机上，因设备突然转动，该员工滑落到辊轮与防护杆中间被挤压，造成多发性外伤，治疗时脾脏被切除。事故发生后根据其自述，他经常这样违规操作，虽然偶尔有差一点滑落的情况出现，但都没有造成伤害事故,同事还经常夸他"身手不凡",导致他越来越冒失,敢于这样操作,最终酿成了惨剧。重伤和死亡事故虽有偶然性,但是不安全因素或动作在事故发生之前已暴露过许多次,如果在事故发生之前,抓住时机,及时消除不安全行为,许多重大伤亡事故是完全可以避免的。

3. 事故的基本特性

(1)普遍性。自然界中充满着各种各样的危险,人类的生产、生活过程中也总是伴随着危险。所以,发生事故的可能性普遍存在。危险是客观存在的,在不同的生产、生活过程中,危险因素各不相同,事故发生的可能性也就存在着差异。

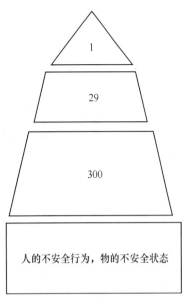

图1—1 海因里希法则

(2)随机性。事故发生的时间、地点、形式、规模和事故后果的严重程度都是不确定的。何时、何地、发生何种事故,其后果如何,都很难预测,从而给事故的预防带来一定困难。但是,在一定的范围内,事故的随机性遵循数理统计规律,即在大量事故统计资料的基础上,可以找出事故发生的规律,预测事故发生概率的大小。因此,事故统计分析对制定正确的预防措施具有重要作用。

(3)必然性。危险是客观存在的,而且是绝对的。因此,人们在生产、生活过程中必然会发生事故,只不过是事故发生的概率大小、人员伤亡的多少和财产损失的严重程度不同而已。人们采取措施预防事故,只能延长事故发生的时间间隔以及降低事故发生的概率,而不能完全杜绝事故。

(4)因果相关性。事故是由系统中相互联系、相互制约的多种因素共同作用的结果,导致事故的原因多种多样。从总体上来看,事故原因可分为人的不安全行为、物的不安全状态、环境的不安全条件和管理缺陷;从逻辑上,又可分为直接原因和间接原因等。这些原因在系统中相互作用、相互影响,在一定的条件下发生突变,就会酿成事故。通过事故调查分析,理清事故发生的直接原因、间接原因,对于预防事故的发生具有积极作用。

(5)突变性。系统由安全状态转化为事故状态实际上是一种突变现象。事故一旦发生,往往十分突然,令人措手不及。因此,制定事故应急预案,加强应急救援训练,提高作业人员的应急响应能力和应急救援水平，对于减少人员伤亡和财产损失尤为重要。

（6）潜伏性。事故的发生具有突变性，但在事故发生之前存在一个量变的过程，即系统内部相关参数的渐变过程，所以事故具有潜伏性。一个系统，可能长时间没有发生事故，但这并非意味着该系统是安全的，因为它可能潜伏着事故隐患。这种系统在事故发生之前所处的状态不稳定，为了达到系统的稳定状态，系统要素在不断发生变化。当某一触发因素出现，即可导致事故。事故的潜伏性往往会导致人们的麻痹思想，从而酿成重大恶性事故。

（7）危害性。事故往往造成一定的财产损失或人员伤亡，严重者会制约企业的发展，给社会稳定带来不良影响。因此，人们面对事故威胁都会全力抗争而追求安全。

（8）可预防性。尽管事故的发生是必然的，但我们可以通过采取控制措施来预防事故发生或者延长事故发生的时间间隔。充分认识事故的这一特性，对于防止事故发生有促进作用。通过事故调查，探求事故发生的原因和规律，采取预防事故的措施，可有效降低事故发生的概率。

二、事故的分级和产生原因

1. 事故分级

根据《生产安全事故报告和调查处理条例》，将事故划分为特别重大事故、重大事故、较大事故和一般事故 4 个等级。

（1）特别重大事故，是指造成 30 人以上死亡，或者 100 人以上重伤，或者 1 亿元以上直接经济损失的事故；

（2）重大事故，是指造成 10 人以上 30 人以下死亡，或者 50 人以上 100 人以下重伤，或者 5 000 万元以上 1 亿元以下直接经济损失的事故；

（3）较大事故，是指造成 3 人以上 10 人以下死亡，或者 10 人以上 50 人以下重伤，或者 1 000 万元以上 5 000 万元以下直接经济损失的事故；

（4）一般事故，是指造成 3 人以下死亡，或者 10 人以下重伤，或者 1 000 万元以下直接经济损失的事故。

其中，事故造成的急性工业中毒，也属于重伤的范围。

2. 事故伤害等级

根据人员受到事故伤害的严重程度和伤害后的恢复情况，可将事故伤害分为 4 类：

（1）暂时性失能伤害。受伤害者或中毒者暂时不能从事原岗位工作，经过一段时间的治疗或休息可以恢复工作能力的伤害。

（2）永久性部分失能伤害。导致受伤害者或中毒者肢体或某些器官的功能发生不可逆的丧失的伤害。

（3）永久性全失能伤害。使受伤害者或中毒者完全残疾的伤害。

（4）死亡。

3. 造成事故的原因

造成事故的原因一般分为事故的直接原因和间接原因。

（1）事故的直接原因。所谓事故的直接原因，就是直接导致事故发生的原因，主要包括人的不安全行为和物的不安全状态。

1）人的不安全行为主要包括以下方面：

①操作错误、忽视安全、忽视警告。例如未经许可开动、关停、移动机器；开动、关停、移动机器时未给信号；开关未锁紧，造成意外转动、通电或原料泄漏等；忘记关闭设备；忽视警告标志、信号；操作错误（指按钮、阀门、扳手、把柄等的操作）；奔跑作业；供料或送料速度过快；违章驾驶机动车；酒后作业等。

②造成安全装置失效。例如拆除了安全装置，安全装置堵塞、失去作用，因调整的错误造成安全装置失效等。

③使用不安全设备。例如临时使用不牢固的设施，使用无安全装置的设备等。

④手工代替工具操作。例如用手代替手动工具；用手清除铁屑；不用夹具固定，手持工件进行加工等。

⑤冒险进入危险场所。例如冒险进入涵洞，接近漏料处（无安全设施），未经安全监察人员允许进入油罐或井中，未做好准备工作就开始作业，进入非本人工作的不熟悉的工作场所等。

⑥攀坐不安全位置。例如在起吊物下作业、停留，机器运转时加油、修理、调整、焊接、清扫等，停留在平台护栏、汽车挡板、吊车吊钩等处，机器运转时加油、修理、检查、调整、焊接、清扫等，有分散注意力的行为等。

⑦未穿戴、使用劳动防护用品。例如未戴护目镜或面罩，未戴防护手套，未穿安

全鞋，未戴安全帽、工作帽，未佩戴呼吸护具，未佩戴安全带等。

⑧不安全的装束。例如在有旋转零部件的设备旁作业时穿肥大服装，操纵带有旋转零部件的设备时戴手套，夏季穿露脚趾的拖鞋等。

2）物的不安全状态主要包括以下方面：

①保护、保险、信号等装置缺乏或有缺陷。例如无防护罩，无安全保险装置，无报警装置，无安全标志，无护栏或护栏损坏，电气装置未接地或绝缘不良等。

②防护不当。例如防护罩未在适当位置，防护装置调整不当，坑道掘进、隧道开凿支撑不当，防爆装置不当，采伐、集材作业安全距离不够，爆破作业隐蔽所有缺陷，电气装置带电部分裸露等。

③设备、设施、工具附件有缺陷：

A. 设计不当，结构不合安全要求。例如通道门遮挡视线，制动装置有缺陷，安全间距不够，工件有锋利毛刺、毛边等。

B. 强度不够。例如机械强度不够，绝缘强度不够，起吊重物的绳索不合安全要求等。

C. 设备在非正常状态下运行。例如，设备带"病"运转等。

D. 维修、调整不良。例如设备失修，地面不平，保养不当，设备失灵等。

④个人防护用品、用具缺少或有缺陷。例如无个人防护用品、用具，所用防护用品、用具不符合安全要求。

⑤生产（施工）场地环境不良：

A. 照明光线不良。例如照度不足；作业场地烟、雾、尘弥漫，视物不清；光线过强等。

B. 通风不良。例如无通风，通风系统效率低，风流短路，停电、停风时进行爆破作业，瓦斯排放未达到安全浓度就爆破，瓦斯超限等。

C. 作业场所狭窄。

D. 作业场所杂乱，例如工具、制品、材料堆放不安全等。

E. 地面湿滑。例如地面有油或其他液体，冰雪覆盖，地面有其他易滑物等。

F. 环境温度、湿度不当。

（2）事故的间接原因。事故的间接原因，是指导致事故的直接因素得以产生和存在的条件。事故的间接原因有 5 种：技术上和设计上有缺陷，教育培训不足，身体的原因，精神的原因，管理上有缺陷。

1）技术上和设计上有缺陷。是指从安全的角度分析，在设计和技术上存在的与事故发生原因有关的缺陷，主要包括工业构件、建筑物、机械设备、仪器仪表、工艺过程、控制方法、维修检查等在设计、施工和材料使用中存在的缺陷。这类缺陷主要表现在：在设计上因设计错误或考虑不周造成的失误，在技术上因安装、施工、制造、使用、维修、检查等达不到要求而存在的隐患。

2）教育培训不足。是指对职工进行的安全生产知识和安全意识的教育和培训不足，员工对安全生产技术知识和劳动纪律没有完全掌握，对各种设备、设施的工作原理和安全防范措施等没有学懂弄通，对本岗位的安全操作方法、安全防护方法、安全生产特点等一知半解、对安全操作规程等不重视，不能真正按规章制度操作，以致不能防止事故的发生。

3）身体的原因。主要指身体不适、患病或有缺陷，如眩晕、头痛、高血压等疾病，高度近视、色盲等，工作时身体过度疲劳、醉酒、服用药物等。

4）精神的原因。主要包括怠工、反抗、不满等不良工作态度，烦躁、紧张、恐惧、心不在焉等精神状态，偏执等性格缺陷等。此外，过度兴奋、悲伤，过度积极等精神状态也有可能导致不安全行为。

5）管理缺陷。包括劳动组织不合理，企业负责人对安全生产的责任心不强，作业标准不明确，缺乏检查保养维修制度，管理人员配备不完善，对现场工作缺乏检查或指导错误，没有健全的操作规程，没有合理完善的事故防范措施等。

第二节　安全生产规章制度

《中华人民共和国安全生产法》（以下简称《安全生产法》）第四条规定：生产经营单位必须遵守本法和其他有关安全生产的法律、法规，加强安全生产管理，建立、健全安全生产责任制和安全生产规章制度，改善安全生产条件，推进安全生产标准化建设，提高安全生产水平，确保安全生产。

第十八条规定，生产经营单位的主要负责人对本单位安全生产工作负有下列职责：

（1）建立、健全本单位安全生产责任制；

（2）组织制定本单位安全生产规章制度和操作规程；

（3）组织制定并实施本单位安全生产教育和培训计划；

（4）保证本单位安全生产投入的有效实施；

（5）督促、检查本单位的安全生产工作，及时消除生产安全事故隐患；

（6）组织制定并实施本单位的生产安全事故应急救援预案；

（7）及时、如实报告生产安全事故。

企业的安全生产规章制度是企业安全生产管理的标准和规范，是国家安全生产法律、法规的延伸。企业应根据国家安全生产法律、法规，结合本单位的实际，建立、健全各类安全生产规章制度，使安全生产的各项工作都有章可循。

一、安全生产规章制度的作用

1. 明确安全生产责任

企业以安全生产责任制来明确本单位各岗位从业人员的安全生产职责，使全体从业人员都知道"谁干什么"或"什么事应该由谁干"，有利于避免互相推诿，有利于各在其位、各司其职、各尽其责，担负本岗位的安全生产职责。

2. 规范安全生产行为

企业的安全生产规章制度和操作规程，明确了全体从业人员在履行安全生产管理职责或生产操作时应"怎样干"；有利于规范管理人员的管理行为，提高管理的质量；有利于规范生产操作人员的操作行为，避免因不安全行为而导致发生事故。

3. 建立和维护安全生产秩序

企业建立了贯彻执行国家安全生产法律法规的具体方法、生产工艺规程和安全操作规程等安全生产规章制度，使企业能建立起安全生产的秩序。

企业制定了违章处理制度、事故处理制度、追究不履行安全生产职责的责任制度和安全生产奖惩制度，建立了安全生产的制约机制，能有效地制止违章和违纪行为，激励从业人员自觉、严格地遵守国家安全生产法律法规和本单位的安全生产规章制度，有利于企业完善安全生产条件，维护安全生产秩序。

二、安全生产规章制度的分类

不同企业所建立的安全生产规章制度也不尽相同，应该根据企业的特点，制定出具体且操作性强的安全生产规章制度。企业安全生产规章制度可分为安全生产管理制度和安全生产操作规程两大类，前者是各种安全生产管理制度、章程、规定的总称，后者是各类安全生产操作规程、标准、规范的总称。

1. 安全生产管理制度

通常可把企业的安全生产管理制度划分为以下 4 类：

（1）综合安全生产管理制度。包括安全生产总则、安全生产责任制、安全生产技术措施管理、安全生产教育、安全生产检查、安全生产奖惩、安全生产检修管理、事故隐患管理与监控、事故管理、安全用火管理、承包合同安全生产管理、安全生产值班等规章制度。

（2）安全生产技术管理制度。包括特种作业管理，危险设备管理，危险场所管理，易燃易爆有毒有害物品管理，厂区交通运输管理，防火制度以及各生产岗位、各工种的安全操作规定等。

（3）职业卫生管理制度。包括职业卫生管理、有毒有害物品监测、职业病防治、职业中毒、职业卫生设备等管理制度。

（4）其他有关管理制度。如女工保护、劳动防护用品、保健食品、员工身体检查等管理制度。

根据生产经营单位自身的特点，安全生产管理制度主要包括：安全生产教育和培训制度，安全生产检查制度，较大危险因素的生产经营场所、设备和设施的安全管理制度，安全生产奖励和惩罚制度，劳动防护用品配备和管理制度，危险作业管理制度，隐患排查制度，有限空间作业安全管理制度等。

2. 安全生产操作规程

在建立、健全安全生产管理制度的同时，企业还必须建立、健全各项安全生产操作规程。主要包括以下几个方面：

（1）产品生产的工艺规程和安全生产技术规程；

（2）各生产岗位的安全操作方法，包括开停车、出料、包装、倒换、转换、装卸、运载以及紧急事故处理等操作的安全操作方法；

（3）生产设备、装置的安全检修规程；

（4）通用工种的安全操作规程，如管道工、钳工、焊工、电工、运输工等的安全操作规程；特种作业的安全操作规程，如锅炉、压力容器安全管理规程，气瓶、液化气体气瓶使用和储运的安全生产技术规程，易燃液体装卸罐安全操作规程。

三、制定安全生产规章制度的原则

企业在制定安全生产规章制度时应遵循以下原则：

（1）与国家的安全生产法律、法规保持协调一致，应该有利于国家安全生产法律、法规的贯彻落实；

（2）要广泛吸收国内外安全生产管理的经验，并密切结合自身的实际情况，突出先进性、科学性、可行性；

（3）要涵盖安全生产的各个方面，形成体系，做到"横向到边、纵向到底"；

（4）安全生产规章制度一经制定，就不能随意改动，要保持其严肃性和相对的稳定性，但也要注意总结实践经验，不断地修订完善。

随着社会经济形势的发展变化，企事业单位的经营管理、生产技术等会不断出现新的情况，产生新的变化，要据此及时地修改、补充直至制定新的安全生产规章制度，以保持其健全和有效。

四、安全生产责任制

安全生产责任制主要指企业的各级领导、职能部门、管理人员和各岗位的从业人员对安全生产工作应负责任的一种制度，是企业岗位责任制的一个组成部分，也是企业的一项基本管理制度。

安全生产责任制是根据我国"安全第一、预防为主、综合治理"的安全生产方针和安全生产法律、法规建立的各级领导、职能部门、工程技术人员、岗位操作人员在劳动生产过程中对安全生产层层负责的制度。安全生产责任制是企业安全生产、劳动保护管理制度的核心。实践证明，凡是建立、健全了安全生产责任制的企业，各级领导重视安全生产、劳动保护工作，切实贯彻执行党的安全生产、劳动保护方针、政策和国家的安全生产、劳动保护法律、法规，在认真负责地组织生产的同时，积极采取措施，改善劳动条件，工伤事故和职业性疾病就会减少；反之，就会职责不清，相互推诿，而使安全生产、劳动保护工作无人负责，无法进行，工伤事故与职业病就会不断发生。

根据生产经营单位的规模，安全生产责任制主要包括各职能部门、单位主要负责人、安全生产负责人、安全生产管理人员、车间主任、班组长、岗位员工等。

1. 企业主要负责人安全生产职责

（1）企业主要负责人对企业的安全生产工作负全责，要把安全生产管理放在首位来建立、分解并落实到安全生产操作规程、安全技术标准和全员安全生产责任制上，逐项、逐级签订安全生产责任制；

（2）组织制定本单位安全生产规章制度和操作规程，确定本单位安全生产目标，督促检查本单位安全生产规章制度和操作规程的执行情况，及时消除安全事故隐患，确保安全责任落实；

（3）保证本单位安全生产投入的有效实施；

（4）督促、检查本单位的安全生产工作，及时消除生产安全事故隐患；

（5）主持召开安全生产工作会议，研究安全生产重大事项，解决安全生产关键问题；

（6）制定并落实本单位生产安全事故应急救援预案；

（7）组织对重大事故的调查和处理，及时如实报告生产安全事故情况；

（8）组织制定并实施本单位安全生产教育和培训计划。

2. 生产经营单位的安全生产管理机构以及安全生产管理人员职责

（1）组织或者参与拟订本单位安全生产规章制度、操作规程和生产安全事故应急救援预案；

（2）组织或者参与本单位安全生产教育和培训，如实记录安全生产教育和培训情况；

（3）督促落实本单位重大危险源的安全管理措施；

（4）组织或者参与本单位应急救援演练；

（5）检查本单位的安全生产状况，及时排查生产安全事故隐患，提出改进安全生产管理的建议；

（6）制止和纠正违章指挥、强令冒险作业、违反操作规程的行为；

（7）督促落实本单位安全生产整改措施。

3. 从业人员安全生产职责

（1）自觉遵守安全生产规章制度，不违章作业，并随时制止他人的违章作业行为；

（2）不断提高安全生产意识，丰富安全生产知识，增加自我防范能力；

（3）积极参加安全生产学习及安全生产培训，掌握本职工作所需的安全生产知识，提高安全生产技能，增加事故预防和应急处理能力；

（4）识别岗位生产安全事故隐患并及时上报；

（5）爱护和正确使用机械设备、工具及劳动防护用品；

（6）主动提出改进安全生产工作意见；

（7）从业人员有权对单位安全生产工作中存在的问题提出批评、检举、控告，有权拒绝违章指挥和强令冒险作业；

（8）从业人员发现直接危及人身安全的紧急情况时，有权停止作业或者在采取可能的应急措施后，撤离作业现场；

（9）从业人员在作业过程中，应当严格遵守本单位的安全生产规章制度和操作规程，服从管理，正确佩戴和使用劳动防护用品。

第三节　生产安全事故隐患管理

生产安全事故隐患是指生产经营单位违反安全生产法律、法规、规章、标准、规程和安全生产管理制度的规定，或者因其他因素在生产经营活动中存在可能导致事故发生的人的不安全行为、物的不安全状态和管理上的缺陷。

生产安全事故隐患的分级是以隐患的整改、治理和排除的难度及其影响范围为标准的，分为一般事故隐患和重大事故隐患。一般事故隐患，是指危害和整改难度较小，发现后能够立即整改排除的隐患；重大事故隐患，是指危害和整改难度较大，应当全部或者局部停产停业，并经过一定时间整改治理方能排除的隐患，或者因外部因素影响致使生产经营单位自身难以排除的隐患。

企业是隐患排查治理工作的主体，是隐患排查治理工作的直接实施者。企业隐患排查治理就是在政府及其部门的统一安排和指导下，确定自身分类分级的定位，采用自身适用的隐患排查治理标准，通过准备，组织机构建设，建立、健全制度，全面培训，实施排查，分析改进等步骤形成完整的、系统的企业隐患排查机制。

一、隐患的排查

隐患排查是指生产经营单位组织安全生产管理人员、工程技术人员和其他相关人员对本单位的事故隐患进行排查，并对排查出的事故隐患，按照事故隐患的等级进行登记，建立事故隐患信息档案。

1. 准备

企业在开展隐患排查之前必须做好与之相关的准备工作。隐患排查治理是涉及企业所有部门、所有生产流程、所有人员的一项系统工程，如果不做好全面的准备，那么所建立的隐患排查治理机制将缺乏系统性和可操作性，不能做到深入和持久地开展排查工作。

（1）信息收集。由企业安全生产主管部门和有关专业人员，对现行的有关隐患排查治理工作的各种信息、文件、资料等通过多种行之有效的方式进行收集。此项工作也可以委托有资质的服务机构来实施。

（2）辅助决策。将收集信息形成的有关材料向企业管理层汇报，并说明有关情况，使企业管理层的领导能够全面、正确理解和认识隐患排查治理工作，对企业隐患排查治理工作建设做出正确决策。

（3）领导决策。领导层需从思想意识中真正解决为什么要实施隐患排查治理工作的问题，意识到隐患排查的重要性，并为此项工作提供充分的各类资源，隐患排查治理工作才会在企业得到有效实施。

2. 组织机构建设

由企业安全生产负责人担任隐患排查治理工作的总负责人，以安全生产委员会或企业领导层为总决策管理机构，以安全生产管理部门为办事机构，以基层安全生产管理人员为骨干，以全体员工为基础，形成从上至下的组织保证。

（1）安全生产负责人。企业主要负责人是隐患排查治理工作的第一责任人，通过安全生产委员会、领导办公会，将隐患排查治理工作纳入日常工作中，亲自定期组织和参与检查，及时准确把握情况，发出明确的指令。

（2）各部门负责人。要在其职责中明确有关隐患排查治理的内容，将有关情况上传下达，做好主要负责人的帮手。要在各自管辖范围内做好隐患排查治理工作，至少要知道、过问、督促、确认。

（3）安全生产管理人员。安全生产管理机构的专职安全生产管理人员是隐患排查治理工作的骨干力量，编制有关制度、培训各类人员、组织检查排查、下达整改指令、验证整改效果等是其主要的工作内容。还要通过监督方式对各部门和下属单位及所有员工在隐患排查治理工作方面的履职情况进行了解，纳入考核，全力推动隐患排查治理工作的全方位和全员化。

（4）从业人员。按照责任制、相关规章制度和操作规程中明确的隐患排查治理责任，在日常的各项工作中，员工要有高度的隐患意识，随时发现和处理各种隐患和事故苗头，自己不能解决的要及时上报，同时采取临时性的控制措施，并注意做好记录，为统计分析隐患留下资料。

3. 建立完善的规章制度

隐患排查治理工作必须有制度的保障，需要企业全面掌握法律、法规、标准以及上级和外部的其他要求，并结合自身的实际情况，将外部的规定转化为企业内部的各项规章制度。

（1）隐患排查治理制度设计。要建立隐患排查制度，首先要收集与企业有关的法律、法规及其他要求中有关隐患排查治理的内容，并对所收集的法律、法规及其他要求的适用性、可行性进行分析。其次是收集、整理企业现有有关隐患排查治理的规章制度，并对其有效性和可操作性进行分析。《安全生产事故隐患排查治理暂行规定》（国家安全生产监督管理总局令第 16 号）明确要求：生产经营单位应当建立健全事故隐患排查治理和建档监控等制度，逐级建立并落实从主要负责人到每个从业人员的隐患排查治理和监控责任制；生产经营单位应当保证事故隐患排查治理所需的资金，建立资金使用专项制度；对排查出的事故隐患，应当按照事故隐患的等级进行登记，建立事故隐患信息档案；生产经营单位应当建立事故隐患报告和举报奖励制度。因此，企业需要建立的制度主要有：隐患排查治理和监控责任制、事故隐患排查治理制度、隐患排查治理资金使用专项制度、事故隐患建档监控制度（事故隐患信息档案）、事故隐患报告和举报奖励制度等。

（2）隐患排查治理制度的基本结构和内容。隐患排查治理制度的结构和内容并没有固定的模式和要求，各企业根据实际需要选择适合自身特点的文体形式。一般来说，主要内容包括：编制目的；适用范围；术语和定义；引用资料；各级领导、各部门和各类人员相应职责；隐患排查主要工作程序和内容等具体规定；需要形成的记录要求及其格式；制度的管理，如制定、审定、修改、发放、回收、更新等相关文件。

（3）隐患排查治理制度的编制。编写组人员的组成是非常重要的一项工作。在编制过程中需要负责人员、管理人员、一线各岗位人员参加，尤其是一线作业人员，他们对生产实际最了解，有丰富的实践经验，对制度的制定起到至关重要的作用。

制订严格的编制计划，明确任务、时间、责任人和质量要求，计划必须落实到人，按规定的时间节点检查编制进度，最后进行统稿，以保证格式的统一和内容的协调。

文件编写时还要注意解决如下问题：

1）要明确谁来负责起草工作？谁来负责组织协调、检查、修改工作？谁来负责文件之间的接口及协调性？

2）文件编写人员要吸收企业其他管理体系的文件编写人员参加。

3）文件编写完之后要解决可操作性问题。因此，要落实专人负责向有关部门或者人员征求意见，以最大程度解决可操作性难题。

（4）隐患排查治理制度的文件管理。隐患排查治理制度的文件管理是制度编制和贯彻的重要保证，应当特别关注以下几个环节：

1）审批发布。由各级领导按职责权限对隐患排查治理制度文件进行审阅，征求相关意见并进行最后修改，然后按制度发布的权限进行审批，最终按企业文件管理的程序正式发布。隐患排查治理制度发放到哪一级、哪些人，直接影响到本制度能否充分贯彻执行。很多单位在实际工作中形成了文件只发到中层领导这一级的习惯，再向下就仅仅是组织员工学习，导致很多真正需要按文件规定进行操作的人员无法获取相应的文本，使文件内容得不到有效实施。发布最好是多渠道、多样化，应当将新增的规章制度纳入已有的文件体系，如汇编、电子版（光盘）、内部网络等。

2）保存。保存的目的不单是存放，更重要的是方便使用。因此文件应当保存在方便获取、便于查阅的地方，并应将相关手续告知给有关人员。

3）文件的使用。发布文件的目的是使之得到有效的执行，这就要求每个相关人员必须不折不扣地严格按文件规定执行，不能"情有可原"，在制度面前人人平等。

4）文件的修改。文件在执行过程中发现存在问题时，应当根据提出意见和建议的方法和程序，逐级向上反映，由文件编制部门按手续收集反馈意见，并根据规定的步骤和程序进行修改。

5）文件作废和存档。当文件换版、作废时，应按相应的步骤规定执行，以防止使用已经过期的文件，保证相关岗位的人员获得有效版本。

4. 隐患排查工作培训

（1）初期培训。企业隐患排查治理体系建设的初期培训对象分为两种：一是对安全生产负责人进行背景培训；二是对承担推进工作的管理人员进行全面培训。

通过对安全生产负责人进行背景培训，使相关领导充分认识到企业实施隐患排查治理体系建设的重要意义、作用，让他们了解整个实施过程，知道自己在整个过程中的工作职责，以及应该给予隐患排查治理工作的支持和保障。

对承担推进工作的管理人员进行全面培训，主要内容包括：相关政策法规、隐患排查标准内容详解、制度编写、隐患排查治理过程等。

（2）全员培训。隐患排查的主体是企业的所有人员，包括从领导到一线员工以及在企业工作范围内的外部人员，以保证排查的全面性和有效性。

在颁布隐患排查治理制度文件之后，组织全体员工按照不同层次、不同岗位的要求，学习相应的隐患排查治理制度文件内容。

所有人员能不能或者会不会排查隐患是关键，必须对其进行有针对性和有效果的教育培训。要将隐患排查的内容纳入各类安全生产教育培训工作中，并根据需要做专门的培训，还要确认培训的效果，以保证所有人员有意识、有能力地开展隐患排查。

5. 隐患排查工作的实施

隐患排查的实施是涉及企业所有管理范围的工作，需要有计划、有步骤地开展。

（1）排查计划。要做到排查工作全员、全覆盖、全时段，需要制订一个比较详细可行的实施计划，确定参加人员、排查内容、排查时间、排查安排、排查记录等内容。为提高效率也可以与日常安全生产检查、安全生产标准化的自评工作或管理体系中的合规性评价和内审工作相结合。

（2）隐患排查的种类：

1）专项排查。专项排查是指采用特定的、专门的排查方法，主要有按照隐患排查治理标准进行的全面自查、对重大危险源的定期评价、对危险化学品的定期安全评价等。

2）日常排查。指与安全生产检查工作相结合，主要有企业全面的安全生产大检查、主管部门的专业安全生产检查、专业管理部门的专项安全生产检查、各管理层级的日常安全生产检查、操作岗位的现场安全生产检查等。

（3）排查的实施。以专项排查为例，企业组织隐患排查组，根据排查计划到各部门和各所属单位进行全面的排查。排查时必须及时、准确和全面地记录排查情况和发现的问题，并随时与被检查单位的人员做好沟通。

（4）排查结果的分析总结：

1）评价本次隐患排查是否覆盖了计划的范围和相关隐患类别；

2）评价本次隐患排查是否遵循了"全面、抽样"的原则，是否遵循了重点部门、高风险和重大危险源适当突出的原则；

3）确定本次排查发现的隐患，包括确定隐患清单、隐患级别以及分析隐患的分布（包括隐患所在单位和地点的分布、种类）等；

4）做出本次隐患排查治理工作的结论，填写隐患排查治理标准表格；

5）向领导汇报情况。

6. 纳入考核并持续改进

为了确保顺利进行隐患排查治理工作，领导必须责成有关部门以考核手段为基本的保障措施。必须规定上至一把手、下至普通的员工以及所有的检查人员的职责、权利和义务，特别是必须明确规定企业中、高层领导在此项工作中的义务与职责。因为，企业的中、高层领导是实施与开展隐患排查治理工作的重要保障力量。

隐患排查治理机制的各个方面都不是一成不变的，也要随着安全生产管理水平的提高而与时俱进，借助安全生产标准化的自评和评审、职业健康安全管理体系的合规性评价、内部审核与认证审核等外力的作用，实现企业在此工作方面的持续改进。

另外，隐患排查治理也为整体安全生产管理提供了持续改进的信息资源，通过对隐患排查治理情况的统计、分析，能够为预测、预警输入必要的信息，能够为管理的改进提供方向性的资料。

二、隐患的治理

隐患治理是指消除或控制生产安全事故隐患的活动或过程。对排查出的事故隐患，应当按照事故隐患的等级进行登记，建立事故隐患信息档案，并按照职责分工实施监控治理。对于一般事故隐患，由于其危害和整改难度较小，发现后应当由生产经营单位负责人或者有关人员立即组织整改。对于重大事故隐患，由生产经营单位主要负责人组织制定并实施事故隐患治理方案。

1. 一般隐患治理

一般隐患是指危害和整改难度较小，发现后能够立即整改排除的隐患。为更好地有针对性的治理在企业生产和管理工作中存在的一般隐患，要对一般隐患进行进一步的细化分级。事故隐患的分级是以隐患的整改、治理和排除的难度及其影响范围为标准的。根据这个分级标准，在企业中通常将隐患分为班组级、车间级、分厂级以及总厂（公司）级，其含义是在相应级别的组织中能够整改、治理和排除。

（1）立即整改。有些隐患如明显地违反操作规程和劳动纪律的行为，这属于人的不安全行为的一般隐患，排查人员一旦发现，应当要求立即整改，并如实记录，以备对此类行为统计分析，确定是否为习惯性或群体性隐患。有些设备、设施方面简单的不安全状态如安全装置没有启用、现场混乱等物的不安全状态等一般隐患，也可以要求现场立即整改。

（2）限期整改。有些隐患是难以做到立即整改的，但也属于一般隐患，则应限期整改。

限期整改通常由排查人员或排查主管部门对隐患所属单位发出"隐患整改通知书"，内容中需要明确列出如排查发现隐患的时间和地点、隐患情况的详细描述、隐患发生原因的分析、隐患整改责任的认定、隐患整改负责人、隐患整改的方法和要求、隐患整改完毕的时间要求等。限期整改需要全过程监督管理，以便发现和解决可能临时出现的问题，防止拖延。

2. 重大隐患治理

对重大隐患需要制定专门的治理方案。由于重大隐患治理的复杂性和较长的周期性，在没有完成治理前，还要有临时性的措施和应急预案。治理完成后还有书面申请以及接受审查等工作。

（1）制定重大事故隐患治理方案。《安全生产事故隐患排查治理暂行规定》第十五条规定："……重大事故隐患，由生产经营单位主要负责人组织制定并实施事故隐患治理方案。"重大事故隐患治理方案应当包括：治理的目标和任务，采取的方法和措施，经费和物资的落实，负责治理的机构和人员，治理的时限和要求，安全措施和应急预案。

（2）重大事故隐患治理过程中的安全防范措施。《安全生产事故隐患排查治理暂行规定》第十六条规定："生产经营单位在事故隐患治理过程中，应当采取相应的安全防范措施，防止事故发生。事故隐患排除前或者排除过程中无法保证安全的，应当从危险区域内撤出作业人员，并疏散可能危及的其他人员，设置警戒标志，暂时停产停业或者停止使用；对暂时难以停产或者停止使用的相关生产储存装置、设施、设备，应当加强维护和保养，防止事故发生。"

（3）重大事故隐患的治理过程。《安全生产事故隐患排查治理暂行规定》第二十一条规定："已经取得安全生产许可证的生产经营单位，在其被挂牌督办的重大事故隐患治理结束前，安全监管监察部门应当加强监督检查。必要时，可以提请原许可证颁发机关依法暂扣其安全生产许可证。"第二十二条规定："安全监管监察部门应当会同有关部门把重大事故隐患整改纳入重点行业领域的安全专项整治中加以治理，落实相应责任。"

这些规定意味着企业在重大事故隐患治理过程中，还要随时接受和配合安全生产监督管理部门的重点监督检查。如果企业的重大事故隐患属于重点行业领域的安全专项整治的范围，就更应落实相应的整改、治理的主体责任。

（4）重大事故隐患治理情况评估。《安全生产事故隐患排查治理暂行规定》第十八条规定："地方人民政府或者安全监管监察部门及有关部门挂牌督办并责令全部或者局部停产停业治理的重大事故隐患，治理工作结束后，有条件的生产经营单位应当组织本单位的技术人员和专家对重大事故隐患的治理情况进行评估；其他生产经营单位应当委托具备相应资质的安全评价机构对重大事故隐患的治理情况进行评估。"

上述规定中的评估主要针对治理结果的效果进行，确认其措施的合理性和有效性，确认对隐患及其可能导致的事故的预防效果。评估需要有一定条件和资质的技术人员和专家或有相应资质的安全评价机构实施，以保证评估本身的权威性和有效性。

（5）重大事故隐患治理后期工作。《安全生产事故隐患排查治理暂行规定》第十八条规定：重大事故隐患治理后并经过评估，"符合安全生产条件的，生产经营单位应当向安全监管监察部门和有关部门提出恢复生产的书面申请，经安全监管监察部门和有关部门审查同意后，方可恢复生产经营。申请报告应当包括治理方案的内容、项目和安全评价机构出具的评价报告等。"第二十三条规定："对挂牌督办并采取全部或者局部停产停业治理的重大事故隐患，安全监管监察部门收到生产经营单位恢复生产的申请报告后，应当在 10 日内进行现场审查。审查合格的，对事故隐患进行核销，同意恢复生产经营；审查不合格的，依法责令改正或者下达停产整改指令。对整改无望或者生产经营单位拒不执行整改指令的，依法实施行政处罚；不具备安全生产条件的，依法提请县级以上人民政府按照国务院规定的权限予以关闭。"

3. 隐患治理措施

隐患治理及其方案的核心都是通过具体的治理措施来实现的，这些措施大体上分为工程技术措施和管理措施，再加上对重大隐患需要做的临时性防护和应急措施。隐患治理的方式方法是多种多样的，因为企业必须考虑成本投入，需要最小代价取得最适当的结果。有时候对隐患进行了治理仍很难彻底消除，这就必须在遵守法律、法规和标准规范的前提下，将其风险降低到企业可以接受的程度。

（1）工程技术措施。工程技术措施的实施等级顺序依次是直接安全生产技术措施、间接安全生产技术措施、指示性安全生产技术措施等。根据等级顺序的要求应遵循的具体原则应按消除、预防、减弱、隔离、连锁、警告的等级顺序选择安全生产技术措施；应具有针对性、可操作性和经济合理性并符合国家有关法律、法规、标准和设计规范的规定。

根据安全技术措施等级顺序的要求，应遵循以下具体原则：

1）消除。尽可能从根本上消除危险、有害因素，如采用无害化工艺技术，生产中以无害物质代替有害物质，实现自动化作业、遥控技术等。

2）预防。当消除危险、有害因素有困难时，可采取预防性技术措施，预防危险、危害的发生，如使用安全阀、安全屏护、漏电保护装置、安全电压、熔断器、防爆膜、事故排放装置等。

3）减弱。在无法消除危险、有害因素和难以预防的情况下，可采取减少危险、危害的措施，如局部通风排毒装置、生产中以低毒性物质代替高毒性物质、降温措施、避雷装置、消除静电装置、减振装置、消声装置等。

4）隔离。在无法消除、预防、减弱的情况下，应将人员与危险、有害因素隔开和将不能共存的物质分开，如遥控作业、安全罩、防护屏、隔离操作室、安全距离、事故发生时的自救装置（如防护服、各类防毒面具）等。

5）连锁。当操作者失误或设备运行一旦达到危险状态时，应通过连锁装置终止危险、危害发生。

6）警告。在易发生故障和危险性较大的地方，配置醒目的安全色、安全标志，必要时设置声、光或声光组合报警装置。

（2）管理措施。管理措施一般在隐患治理工作中容易被忽视，即使有也是老生常谈式的提高安全意识、加强培训教育和加强安全生产检查等几种。其实管理措施往往能系统性地解决很多普遍和长期存在的隐患，这就需要在实施隐患治理时，主动地和有意识地研究分析隐患产生原因中的管理因素，发现和掌握管理规律，通过修订有关规章制度和操作规程并贯彻执行，从根本上解决问题。

第四节　安全生产教育培训

安全生产教育培训的目的就是努力提高职工队伍的安全生产素质，提高广大职工对安全生产重要性的认识，增强安全生产的责任感，提高广大职工遵守规章制度和劳动纪律的自觉性，增强安全生产的法制观念；提高广大职工的安全生产技术、知识水平，熟练掌握操作技术要求和预防、处理事故的能力。

《生产经营单位安全培训规定》（2006 年 1 月 17 日国家安全生产监督管理总局令第 3 号公布，根据 2013 年 8 月 29 日第 63 号令第一次修改，根据 2015 年 5 月 29 日第 80 号令第二次修改）第十三条规定：生产经营单位新上岗的从业人员，岗前安全培训时间不得少于 24 学时。

煤矿、非煤矿山、危险化学品、烟花爆竹、金属冶炼等生产经营单位新上岗的从业人员安全培训时间不得少于 72 学时，每年再培训的时间不得少于 20 学时。

第十四条　厂（矿）级岗前安全培训内容应当包括：

（1）本单位安全生产情况及安全生产基本知识；

（2）本单位安全生产规章制度和劳动纪律；

（3）从业人员安全生产权利和义务；

（4）有关事故案例等。

煤矿、非煤矿山、危险化学品、烟花爆竹、金属冶炼等生产经营单位厂（矿）级安全培训除包括上述内容外，应当增加事故应急救援、事故应急预案演练及防范措施等内容。

第十五条　车间（工段、区、队）级岗前安全培训内容应当包括：

（1）工作环境及危险因素；

（2）所从事工种可能遭受的职业伤害和伤亡事故；

（3）所从事工种的安全职责、操作技能及强制性标准；

（4）自救互救、急救方法、疏散和现场紧急情况的处理；

（5）安全设备设施、个人防护用品的使用和维护；

（6）本车间（工段、区、队）安全生产状况及规章制度；

（7）预防事故和职业危害的措施及应注意的安全事项；

（8）有关事故案例；

（9）其他需要培训的内容。

第十六条　班组级岗前安全培训内容应当包括：

（1）岗位安全操作规程；

（2）岗位之间工作衔接配合的安全与职业卫生事项；

（3）有关事故案例；

（4）其他需要培训的内容。

第十七条　从业人员在本生产经营单位内调整工作岗位或离岗一年以上重新上岗时，应当重新接受车间（工段、区、队）和班组级的安全培训。

生产经营单位实施新工艺、新技术或者使用新设备、新材料时，应当对有关从业人员重新进行有针对性的安全培训。

第十八条　生产经营单位的特种作业人员，必须按照国家有关法律、法规的规定接受专门的安全培训，经考核合格，取得特种作业操作资格证书后，方可上岗作业。

一、新上岗员工（离岗一年重新上岗）安全生产教育培训内容

1. 安全生产的主要职责

员工安全生产的主要职责包括：

（1）遵守有关设备维修保养制度的规定；

（2）自觉遵守安全生产规章制度和劳动纪律；

（3）爱护和正确使用机器设备、工具，正确佩戴劳动防护用品；

（4）关心安全生产情况，向有关领导或部门提出合理化建议；

（5）发现事故隐患和不安全因素要及时向组织或有关部门汇报；

（6）发生工伤事故，要及时抢救伤员、保护现场，报告领导，并协助调查工作；

（7）努力学习和掌握安全生产知识和技能，熟练掌握本工种操作程序和安全生产操作规程；

（8）积极参加各种安全生产活动，牢固树立"安全第一"思想和自我保护意识；

（9）有权拒绝违章指挥和强令冒险作业，对个人安全生产负责。

2. 基本权利和义务

（1）安全生产权利主要包括：

1）上岗前接受安全生产知识培训的权利；

2）安全生产知情权与建议权；

3）对安全生产管理的批评、检举、控告权；

4）拒绝违章指挥和强令冒险作业权；

5）紧急情况下停止作业与撤离权；

6）享受工伤保险与伤亡补偿权。

（2）安全生产义务主要包括：

1）遵章守纪，服从管理；

2）正确佩戴和使用劳动防护用品；

3）参加培训，掌握安全生产技能；

4）及时报告生产安全事故隐患。

3. 安全生产常识

（1）安全生产的"三宝"：安全帽、安全带、安全网。

（2）"四不伤害"：自己不伤害自己，自己不伤害他人，自己不被他人伤害，保护他人不被伤害。

（3）"三违"：违规作业、违章指挥、违反劳动纪律。

（4）"三无"：个人无违章、岗位无隐患、班组无事故。

（5）"三级安全教育"：新入厂人员必须分别经过项目部级、作业队级和班组级安全教育并考试合格才能上岗作业。

（6）"三同时"：安全卫生设施必须与主体工程同时设计、同时施工、同时投入使用。

（7）安全生产事故处理"四不放过"原则：事故原因没有查清不放过，事故责任者没有得到严肃处理不放过，广大职工没有受到教育不放过，防护措施没有得到落实不放过。

（8）在生产中必须做到"五同时"：在计划、布置、检查、总结、评比生产的同时必须计划、布置、检查、总结、评比安全工作。

4. 正确佩戴个人防护用品

（1）头部防护用品：安全帽，使高空坠落的物品向外偏离，避免或减轻伤害程度。

安全帽顶部与头顶预留有空间，空间要大于32毫米（约2个手指的宽度）；上班时要戴好安全帽，系紧帽带；要注意定期检查，如发现帽子有裂缝，下凹或严重磨损时，应立即更换。

（2）手、足防护用品：手套、鞋。

具体的工作不同，佩戴手套要求不同。

根据工作不同，防护鞋及其要求不同，如防滑鞋、防静电鞋、绝缘鞋等。

（3）呼吸器官防护用品、眼面防护用品、防护服装：如果在下水道、污水沟、粪坑等处作业时，要当心硫化氢中毒，应检查是否有硫化氢，如果有要戴好防毒面具再下去工作。

（4）高空坠落防护用品：安全带、安全绳、防护网。

5. 安全色与安全标志

安全色是用来表达禁止、警告、指令、提示等安全信息含义的颜色。它的作用是使人们能够迅速发现和分辨安全标志，提醒人们注意安全，预防发生事故。我国安全色标准规定红、黄、蓝、绿四种颜色为安全色。同时规定安全色必须保持在一定的颜色范围内，不能褪色、变色或被污染，以免同别的颜色混淆，产生误认。

（1）红色：很醒目，使人们在心理上产生兴奋性和刺激性，红色光光波较长，不易被尘、雾所散射，在较远的地方也容易辨认，也就是说红色的注目性高，视认性也很好，所以用来表示危险、禁止、停止。例如，机器设备上的紧急停止手柄或按钮以及禁止触动的部位通常都用红色，有时也表示防火。

（2）蓝色：蓝色的注目性和视认性都不太好，但与白色配合使用效果显著，特别是在太阳光下比较明显，所以被选为含指令标志的颜色，即必须遵守。

（3）黄色：与黑色组成的条纹是视认性最高的色彩，特别能引起人们的注意，所以被选为警告色，含义是警告和注意。例如，厂内危险机器和警戒线，行车道中线、安全帽等。

（4）绿色：注目性和视认性虽然不太高，但绿色是新鲜、年轻、青春的象征，具有和平、永远、生长、安全等心理效应，所以绿色提示安全信息，含义是提示，表示安全状态或可以通行。例如，车间内的安全通道，行人和车辆通行标志，消防设备和其他安全防护设备的位置表示等都用绿色。

安全标志是由安全色、几何图形和图形符号构成，分为禁止标志、警告标志、指令标志、提示标志四类。

6. 现场应急处置与急救知识

生产安全事故应急处置与自救互救知识将在后面的章节详细叙述。

二、调岗与复工安全生产培训内容

1. 调岗员工安全生产教育

（1）岗位调换。部门接收因工作需要发生的调动和调换到与原工作岗位操作方法有差异的岗位，以及短期参加劳动的管理人员时，应进行相应工种的安全生产教育。

（2）教育内容。参照"三级安全教育"的要求确定，一般只需进行车间、班组级安全教育，但调任特种作业的人员，要经特种作业人员的安全教育培训，经考核合格取得操作许可证后方准上岗作业。

2. 复工安全生产教育

对于因工伤痊愈后的人员及各种休假超过 3 个月以上的人员，要进行复工安全生产教育。

（1）工伤后的复工安全生产教育：

1）对已发生的事故全面分析，找出发生事故的主要原因，并指出预防对策。

2）对复工者进行安全意识教育，岗位安全生产操作技能教育及预防措施和安全生产对策教育等，引导其端正思想认识，正确汲取教训，提高操作技能，克服操作上的失误，增强预防事故的信心。

3）休假后的复工安全生产教育。员工常因休假而造成情绪波动、身体疲乏、精神分散、思想麻痹，复工后容易因意志失控或者心境不定而产生不安全行为，导致事故发生。因此，要针对休假的类别，进行复工"收心"教育，也就是针对不同的心理特点，结合复工者的具体情况，消除其思想上的余波，有的放矢地进行教育，如重温本工种安全生产操作流程，熟悉机器设备的性能，进行实际操作练习等。

（2）节假日过后班组施工人员及新增员工重新投入工作现场，此阶段个人思想上比较松懈，易发生作业人员违章事故，因此必须要增强教育培训和管理，增强施工人员安全生产意识和技能，增强自我保护意识和能力。

（3）对于因工伤和休假等超过 3 个月者的复工安全生产教育，应由企业各级部门分别进行。经过教育后，由劳动人事部门出具复工通知单，班组接到复工通知单后，方允许其上岗操作。对休假不足 3 个月的复工者，一般由班组长或班组安全员对其进行复工教育。

第二章　生产安全事故应急救援管理

　　我国的城市化、现代化、机械化都在飞速发展，随之而来的是企业在发展中所面临的不安全因素越来越多，各种生产安全事故发生的可能性和频率也越来越高。

　　事故应急救援工作的主要任务是通过建立应急救援体系，预防和减少生产安全事故，在生产安全事故发生时能够及时抢救被伤害人员，防止事故扩大，减少人员伤亡和财产损失。这就需要企业根据行业特点结合自身生产的特殊性建立科学有效的安全生产事故应急救援体系，为事故发生时最大限度地挽救员工生命、最大限度地减少经济损失提供可能。

第一节　事故应急救援管理体系概述

　　应急救援管理（以下简称应急管理）体系是指应对突发公共事件时的组织、制度、行为、资源等相关应急要素及要素间关系的总和。只有建立比较完善的应急管理体系，才能保证在预防、预测、预警、指挥、协调、处置、救援、评估、恢复等应急管理各环节各方面都快速、高效、有序的反应，防止突发公共事件的发生，或减少突发公共事件的负面影响。

生产安全事故应急救援与自救

一、我国应急管理体系发展历程

2003 年 10 月，党的十六届三中全会通过《关于完善社会主义市场经济体制若干问题的决定》强调，"要建立健全各种预警和应急机制，提高政府应对突发事件和风险的能力"。理论和实践的需要，使得 2003 年成为中国全面加强应急管理研究的起步之年。

2004 年 5 月，国务院办公厅印发《省（区、市）人民政府突发公共事件总体应急预案框架指南》（国办函〔2004〕39 号），要求各省（区、市）人民政府编制突发公共事件总体应急预案。

2004 年 9 月，党的十六届四中全会做出《关于加强党的执政能力建设的决定》，从加强党的执政能力和政府执行力的层面，进一步提出"建立健全社会预警体系，形成统一指挥、功能齐全、反应灵敏、运转高效的应急机制，提高保障公共安全和处置突发公共事件的能力"。

2006 年 1 月 8 日，国务院授权新华社全文播发了《国家突发公共事件总体应急预案》（以下简称《总体预案》）。《总体预案》是全国应急预案体系的总纲，明确了各类突发公共事件分级分类和预案框架体系，规定了国务院应对特别重大突发公共事件的组织体系、工作机制等内容，是指导预防和处置各类突发公共事件的规范性文件。《总体预案》的出台使得政府公共事件管理登上一个新台阶。

2006 年 3 月，国家制定《国民经济和社会发展第十一个五年规划》，第一次提出"开创社会主义经济建设、政治建设、文化建设、社会建设的新局面"的要求。在这个总要求下，提出"建立健全社会预警体系和应急救援、社会动员机制。提高处置突发性事件能力"。党和国家把应急管理体系建设纳入国家经济社会发展战略规划和社会主义现代化建设"四位一体"的总体布局中，明确了应急管理的定位、目标、任务和政策。

2006 年 8 月，党的十六届六中全会通过《关于构建社会主义和谐社会若干重大问题的决定》，正式提出了我国按照"一案三制"的总体要求建设应急管理体系。《决定》指出："完善应急管理体制机制，有效应对各种风险。建立健全分类管理、分级负责、条块结合、属地为主的应急管理体制，形成统一指挥、反应灵敏、协调有序、运转高效的应急管理机制，有效应对自然灾害、事故灾难、公共卫生事件、社会安全事件，提高突发公共事件管理和抗风险能力。"至此，这三次党的全会基本完成了我国应急管理体系框架的蓝图设计工作。

2006年9月，国务院召开第二次全国应急管理工作会议，进一步推动应急管理体系建设。

2007年，国务院下发《关于加强基层应急管理工作的意见》，全国人大常委会通过《突发公共事件应对法》，并于2007年11月1日正式实施。

2008年，对我国应急管理来说是一个特殊的年份。在经历南方雪灾和汶川地震后，党中央、国务院深入总结我国应急管理的成就和经验，查找存在问题，提出进一步加强应急管理的方针政策。我国应急管理体系建设又站到了历史的新起点上。

经过这些年的发展，国家全力推进安全生产应急管理工作，基本完成应急救援管理体系建设，健全完善了应急预案要求，加强应急演练、应急处置业务培训、队伍和装备建设等，提高事故（事件）快速反应和科学处置能力。

二、事故应急救援的指导思想和原则

1. 事故应急救援的指导思想

认真贯彻"安全第一、预防为主、综合治理"的安全生产工作方针，牢固树立以人为本的理念，本着对生命财产高度负责的精神，坚持"预防为主，居安思危，常备不懈"，并按照先救人、后救物和先控制、后处置的指导思想，在发生事故时，能迅速、有序、高效地实施应急救援行动，及时、妥善地处理重大事故，最大限度地减少人员伤亡和危害，维护国家安全和社会稳定，促进经济社会全面、协调、可持续发展。

2. 事故应急措施的基本原则

（1）集中领导、统一指挥的原则。各类事故具有随机性、突发性和扩展迅速、危害严重的特点，因此，应急救援工作必须坚持集中领导、统一指挥的原则，避免在紧急情况下，由于多头领导导致的一线救援人员无所适从、贻误战机的不利局面。

（2）充分准备、快速反应、高效救援的原则。针对可能发生的事故，应做好充分的准备；一旦发生事故，要快速做出反应，尽可能减少应急救援组织的层级，以利于事故和救援信息的快速传递，减少信息的失真，提高救援的效率。

（3）生命至上的原则。应急救援的首要任务是不惜一切代价，维护人员的生命安全。事故发生后，应首先保护老弱病残人群以及所有无关人员安全撤离现场，将他们转移到安全地点，并全力抢救受伤人员，以最大的努力减少人员伤亡，并确保应急救援人员的安全。

（4）单位自救和社会救援相结合的原则。在确保人员安全的前提下，事发单位和相关单位应首先立足自救，与社会救援相结合。单位熟悉自身各方面的情况，又身处事故现场，有利于初期事故的救援，将事故消灭在初始状态。救援人员即使不能完全控制事态，也可为外部救援赢得时间。事故发生初期，事故单位必须按照本单位的应急预案积极组织抢险救援，迅速组织遇险人员疏散撤离，防止事故扩大。这是企业的法定义务。

（5）分级负责、协同作战的原则。各级地方政府、有关单位应按照各自的职责分工实行分级负责、各司其职，做到协调有序、资源共享、快速反应，建立企业与地方政府、各相关方的应急联动机制，实现应急资源共享，共同积极做好应急救援工作。

（6）科学分析、规范运行、措施果断的原则。科学、精准的分析、预测、评估事故事态的发展趋势、后果，科学分析是做好应急救援的前提。依法规范，加强管理，规范运行可以保证应急预案的有效实施。在事故现场，果断决策采取适当、有效的应对措施是保证应急救援成功的关键。

（7）安全抢险的原则。在事故抢险过程中，采取有效措施，确保抢险人员的安全，严防抢险过程中发生二次事故；积极采取先进的应急技术及设施，避免次生、衍生事故发生。

三、事故应急救援的任务和目标

1. 事故应急救援的任务

事故应急救援的任务包括以下几个方面：

（1）立即组织营救受害人员，组织撤离或者采取其他措施保护危险区域的其他人员。抢救受害人员是事故应急救援的首要任务，在应急救援行动中，快速、有序、有效地实施现场急救与安全转送伤员是降低伤亡率，减少事故损失的关键。由于重大事故发生突然、扩散迅速、涉及范围广、危害大，应及时指导和组织群众采取各种措施进行自我防护，必要时迅速撤离危险或可能受到危害的区域。在撤离过程中，应积极组织群众开展自救和互救工作。

（2）迅速控制危险源（危险状况），并对事故造成的危害进行检测、监测，测定事故的危险区域和危害程度。及时控制造成事故的危险源（危险状况）是应急救援工作的重要任务，只有及时控制危险源（危险状况），防止事故继续扩展，才能及时、有效地进行救援。例如，对发生在城市或人口稠密地区的危险化学品事故，应尽快组织工程抢险队与事故单位技术人员一起及时控制事故，防止其继续扩大蔓延。

（3）做好现场清理和现场恢复工作，消除危害后果。针对事故对人、动植物、土壤、水源、空气造成的实际危害和可能的危害，应迅速采取封闭、隔离、清洗等技术措施。对外溢的有毒、有害物质和可能对人与环境继续造成危害的物质，应及时组织人员予以消除，防止对人的继续危害和对环境的污染。应及时组织人员清理废墟和恢复基本设施，将事故现场恢复至相对稳定的状态。

（4）查清事故原因，评估危害程度。事故发生后应及时调查事故发生的原因和事故性质，评估事故的危险范围和危害程度，查明人员伤亡情况，做好事故调查。

2. 事故应急救援的目标

（1）抢救受伤人员；

（2）减少财产损失；

（3）消除事故造成的后果。

第二节　事故应急救援管理体系建设

一、我国应急管理体系的组织机构与体制

1. 我国应急管理机构的特点

（1）条块管理，分类设置。国务院应急管理办公室的基本职能是负责全国应急管理方面的值班工作，进行信息汇总，综合协调各部门、地方政府及与中央政府之间的应急管理工作。地方各级政府作为本地区应急管理工作的行政领导机关负责本地区的应急管理工作，地方政府在国务院的领导下具体实施应急管理工作的领导，承担管理责任。在此基础上，我国应急管理机构是根据各类突发性公共危机事件的分类，设置相应的应急机构，以充分发挥防汛防火指挥部、抗震救灾指挥部、全国突发公共卫生

应急指挥部等指挥机构在相关领域应对突发性公共危机事件中的作用。

（2）微观灵活，宏观统筹。应急预案是应急管理机构有效运行的基础，根据应急管理机构设置的特点，我国已形成微观灵活，宏观统筹的应急管理运行机制。目前，我国已经初步形成政府危机管理应急预案体系，包括四大类灾害（安全事件，自然灾害，公共卫生事件，事故灾难）的国家总体应急预案，由国务院专门应急预案，各省（自治区，直辖市）的总体应急预案，省部级及以下各级、各行业的其他应急预案，构成较为完善的应急预案体系。

（3）有法可依，不断完善。近年来，我国加强了应急管理法制建设的步伐，制定了一系列应急管理法律、制度和规范。

2. 应急救援组织体制

组织体制是应急救援体系的基础之一，应急救援组织体制包括管理机构、功能部门、指挥系统和救援队伍。应急救援组织体制建设中的管理机构是指维持日常应急管理的负责部门；功能部门包括与应急活动有关的各类组织机构，如消防、医疗机构等；应急指挥是在应急预案启动后，负责应急救援活动的场外与场内指挥系统；而救援队伍则由专业和志愿人员组成。我国安全生产应急救援组织体系的结构如图2—1所示。

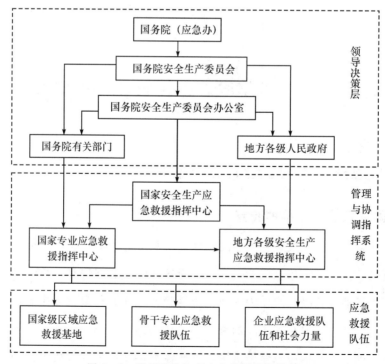

图2—1　我国安全生产应急救援组织体系

（1）领导决策层。全国安全生产应急救援领导决策层由国务院安全生产委员会及其办公室、国务院有关部门、地方各级人民政府组成。

1）国务院安全生产委员会。国务院安全生产委员会统一领导全国安全生产应急救援工作，主要职责：负责研究部署、指导协调全国安全生产应急救援工作；研究、提出全国安全生产应急救援工作的重大方针政策；负责应急救援重大事项的决策，对涉及多个部门或领域、跨多个地区的、影响特别恶劣的事故灾难的应急救援实施协调指挥；必要时协调总参谋部和武警总部调集部队参加安全生产事故应急救援；建立与协调同自然灾害、公共卫生和社会安全突发事件应急救援机构之间的联系，并相互配合。

2）国务院安全生产委员会办公室。国务院安全生产委员会办公室承办国务院安全生产委员会具体事务，主要职责：负责研究提出安全生产应急管理和应急救援工作的重大方针政策和措施；负责全国安全生产应急管理工作，统一规划全国安全生产应急救援体系建设，监督检查、指导协调国务院有关部门和各省（区、市）人民政府安全生产应急管理和应急救援工作，协调指挥安全生产事故灾难应急救援；督促、检查国务院安全生产委员会决定事项的贯彻落实情况。

3）国务院有关部门。国务院有关部门在各自的职责范围内领导有关行业或领域的安全生产应急管理和应急救援工作，监督检查、指导协调有关行业或领域的安全生产应急救援工作；负责本部门所属的安全生产应急救援协调指挥机构、应急救援队伍的行政和业务管理；协调指挥本行业或领域应急救援队伍和资源，参加重特大安全生产事故应急救援。

4）地方各级人民政府。地方各级人民政府统一领导本地区安全生产应急救援工作，按照分级管理、属地为主的原则统一指挥本地安全生产事故应急救援。

（2）管理与协调指挥系统。全国安全生产应急救援管理与协调指挥系统由国家安全生产应急救援指挥中心、有关专业安全生产应急管理与协调指挥机构，以及地方各级安全生产应急管理与协调指挥机构组成。

1）国家安全生产应急救援指挥中心。国家安全生产应急救援指挥中心由国务院安全生产委员会办公室领导、国家安全生产监督管理总局管理，负责全国安全生产应急管理和事故灾难应急救援协调指挥，履行全国安全生产应急救援综合监督管理的行政职能，按照国家安全生产突发事件应急预案的规定，协调和指挥安全生产事故灾难应急救援工作。

2）专业安全生产应急管理与协调指挥系统。建立完善的矿山、医疗救护、危险化学品、消防、铁路、民航、核工业、海上搜救、电力、旅游、特种设备 11 个国家级专业安全生产应急管理与协调指挥机构，负责本行业或领域安全生产应急管理工作；负责相关的国家专项应急预案的组织实施，调动指挥所属应急救援队伍和资源参加事故救援工作。

3）地方各级安全生产应急管理与协调指挥系统。在全国 31 个省（区、市）建立安全生产应急救援指挥中心，在本省（区、市）人民政府及其安全生产委员会的领导下负责本地安全生产应急管理和事故灾难应急救援的协调指挥工作。各市（地）根据需要规划建立安全生产应急管理与协调指挥机构，在当地政府的领导下负责本地安全生产应急救援工作，组织协调指挥本地安全生产事故应急救援工作。

4）专家支持系统。各级安全生产监督管理部门、各级（各专业）安全生产应急管理与协调指挥机构设立事故灾难应急救援专家委员会（组），建立应急救援辅助决策平台，为应急管理和事故抢救指挥决策提供技术咨询和支持，形成安全生产应急救援指挥决策支持系统。

（3）应急救援队伍。根据矿山、医疗救护、危险化学品、消防、铁路、民航、核工业、水上交通、旅游等行业或领域的特点、危险源分布情况，以各级政府部门、各类企业现有的专兼职应急救援队伍为依托，通过整合资源、合理布局、补充人员和装备，形成基础队伍、区域骨干队伍和国家基地相结合的应急救援队伍体系。

各应急队伍在当地政府和上级安全生产应急管理机构的领导下，负责所在企事业单位以及有关部门划定区域内的安全生产事故灾难的应急救援工作。

二、安全生产应急救援体系的结构

建立科学、完善的应急救援体系和实施规范的标准化程序是实现应急救援的根本途径。构建应急救援体系，应以事件为中心，以功能为基础，分析和明确应急救援工作的各项需求，建立规范化、标准化的应急救援体系，保障体系的统一和协调。

一个完整的应急体系应由组织体制、运作机制、法律基础和保障系统 4 部分构成，如图 2—2 所示。

1. 组织体系

应急救援体系组织体制建设中的管理机构是指维持应急日常管理的负责部门；功

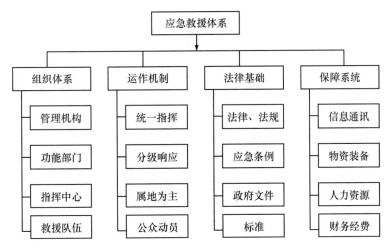

图 2—2 应急救援体系

能部门包括与应急活动有关的各类组织机构，如消防、医疗机构等；应急指挥是在应急预案启动后，负责应急救援活动的场外与场内指挥系统；而救援队伍则由专业人员和志愿人员组成。

企业应急救援组织机构的规模、组织形式、职责和水平各有差异，但作为执行预案的应急救援机构，必须具备下列构成条件：

（1）应急救援指挥机构：

1）总指挥；

2）现场指挥组；

3）应急救援专业队，由消防队、工程抢险队、救护队等组成；

4）后勤保卫组。

（2）应急救援机构应具有的资源：

1）通信设备，包括固定电话、移动电话、近距离对讲机；

2）急救设备，包括急救药品、器具、设备；

3）抢修设备，包括工程车辆、登高设备、维修工具、备用品等；

4）消防器材；

5）防护用品，包括防护服、防护帽、防护眼镜、手套、呼吸器、防毒面具等；

6）测量设备；

7）图表，包括组织机构图、通信联络图、平面布置图；

8）有关名单表，包括外部救援机构联系表、关键岗位人员名单、全体人员名单；

9）标志明显的服装或显著的标志、旗帜等。

（3）应急救援组织人员的选拔。应急救援组织的成员担负着在紧急情况下抢救生命和财产的繁重任务。因此，救援指挥人员必须机智、灵活、应变快，熟悉本企业生产系统情况，有一定的经验，在紧急时刻能做出正确判断和决策。专业队伍的应急救援人员，应熟知本岗位的各种操作规程和应急程序，熟练掌握每种器材的使用方法和意外情况的处理方法。

此外，由于企业应急救援可能涉及事故管理、道路运输、航运、环境保护等方面，所以企业管理机构必须加强与其他相关主管部门的沟通与协调，必要时请求相关部门协助。

2. 运作机制

应急救援活动一般分为应急准备、初级反应、扩大应急和应急恢复四个阶段，应急运作机制与这四个阶段的应急活动密切相关。应急运作机制主要由统一指挥、分级响应、属地为主和公众动员这四个基本运行机制组成。

（1）统一指挥是应急救援活动的基本原则。应急指挥一般可分为集中指挥与现场指挥，或场外指挥与场内指挥等。无论采用哪一种指挥系统，都必须实行统一指挥的模式，无论应急救援活动涉及单位的行政级别的高低和隶属关系如何，都必须在应急指挥部的统一组织协调下，有令则行，有禁则止，统一号令，步调一致。

（2）分级响应是指从初级响应到扩大应急范围过程中实行的分级响应机制，扩大或提高应急级别的主要依据是事故灾难的危害程度、影响范围和控制事态的能力。影响范围和控制事态能力是升级的最基本条件。扩大应急救援主要是提高指挥级别、扩大应急范围等。

（3）属地为主强调"第一反应"的思想和以现场应急、指挥为主的原则。

（4）公众动员机制是应急机制的基础，也是整个应急体系的基础。

3. 法律基础

法制建设是应急体系构建的基础和保障，也是开展各项应急活动的依据。目前我国已基本建立起以宪法为依据、以《中华人民共和国突发事件应对法》为核心、以相关单项法律法规为配套的应急管理法律体系，应急管理工作也逐渐进入了制度化、规范化、法制化的轨道。

4. 保障系统

应急保障系统首先是信息与通信系统，构筑集中管理的信息通信平台是应急救援体系最重要的基础建设。应急信息通信系统要保证所有预警、报警、警报、报告、指挥等活动的信息交流快速、顺畅、准确，实现信息资源共享；物资与装备系统不但要保证有足够的资源，而且还要实现快速、及时供应到位；人力资源保障系统包括专业队伍的加强，志愿人员与其他有关的培训教育；应急财务保障系统应建立专项应急科目，如应急基金等，以保障应急管理运行和应急响应中各项活动的开支。

（1）人力保障。在我国，公安消防、医疗救护、地震救援、矿山救护、抗洪抢险等专业应急救援队伍是处置突发公共事件的专业骨干力量；社会团体、企事业单位以及志愿者是社会力量；中国人民解放军是处置突发公共事件的突击力量。

（2）财力保障。按照现行的事权、财权划分原则，应急资金和工作经费实行中央和地方财政分级负担，按规定程序列入各级政府的财政预算。从中央到地方，各级财政要加大资金投入力度，完善财政预备费的拨付及使用制度，建立专项资金制度，建立中长期的应急准备基金，强化政府投资主渠道的保障作用。与此同时，逐步建立多元化的应急融资和筹资机制，政府与商业保险主体在经济利益与社会利益双赢的基础上开展合作，通过政策优惠鼓励商业保险、再保险进入公共风险保障领域，开发新险种，扩大承保范围。

（3）物资保障。各级政府主管部门负责基本生活用品的应急供应及重要生活必需品的储备管理工作，建立健全重要应急物资监测网络、预警体系和应急物资生产、储备、调拨及紧急配送体系，完善应急救援工作程序，确保应急救援所需物资和生活用品的及时供应，并加强对物资储备的监督管理，及时予以补充和更新。同时各地方应该与相邻省、市建立物资调剂供应渠道，以备本地区物资短缺时，能迅速调入，保障应对各类突发公共事件所需的物资。

（4）医疗卫生保障。卫生部门负责组建医疗卫生应急救援专业技术队伍，根据需要及时赴现场开展医疗救治、疾病防控等应急救援工作。并根据实际情况，及时为受灾地区提供药品、器械等卫生和医疗设备。必要时，组织动员红十字会等社会医疗机构参与医疗卫生救助工作。

（5）交通运输保障。铁路、交通、民航等部门要保证紧急情况下应急交通工具的优先安排、优先调度、优先放行，确保交通运输安全畅通。根据应急处置需要，政府有关部门要对现场及相关通道实行交通管制，开设应急救援"绿色通道"，保证应急救援工作的顺利开展。

（6）治安维护保障。公安、武警部队按照有关规定，参与应急处置和治安维护工作。要加强对重点地区、重点场所、重点人群、重要物资和设备的安全保护，依法严厉打击违法犯罪活动。

（7）通信保障。信息产业、广播电视及通信管理部门负责建立健全应急通信、应急广播电视保障工作体系，完善公用通信网，建立有线和无线相结合、基础电信网络与机动通信系统相配套的应急通信系统，确保通信畅通。

（8）公共设施保障。城市建设、环境保护、电力供应等部门确保突发事件发生时煤、电、油、气、水的供给，以及废水、废气、固体废弃物等有害物质的监测和处理。

三、安全生产应急救援过程管理

1. 应急预防

应急预防是从应急管理的角度，为预防事故发生或恶化而做的预防性工作。预防是应急管理的首要工作，把事故消除在萌芽状态是应急管理的最高境界。

（1）应急预防的含义。在应急管理中预防有以下两层含义：

1）通过安全生产管理和安全生产技术等手段，尽可能地防止事故的发生，实现本质安全；

2）在假定事故必然发生的前提下，通过预先采取预防措施，降低或减缓事故的影响或后果的严重程度，如加大建筑物的安全距离、工厂选址的安全规划、减少危险物品的存量、设置防护墙以及开展公众安全教育等。从长远看，低成本、高效率的预防措施是减少事故损失的关键。

（2）应急预防的具体情形。应急预防具体包括以下四种情形：

1）事先进行危险源辨识和风险分析，预测可能发生的事故、事件，采取控制措施尽可能避免事故的发生；

2）进行现场应急专项检查、安全生产检查，查找问题，通过动态监控，预防事故发生；

3）在出现事故征兆的情况下，及时采取防范措施，消除事故发生的条件；

4）在假定事故必然发生的前提下，通过预先采取的预防措施，最大限度地减少事故造成的人员伤亡、财产损失和社会影响或后果的严重程度。

（3）应急预防的工作方法。应急预防的工作方法如下：

1）危险源辨识。危险源辨识是应急管理的第一步，首先要把单位、本辖区所存在的危险源进行全面认真的辨识、分析、普查、登记。

2）风险评价。在危险源辨识、分析完成后，要采用适当的评价方法，对危险源进行风险评价，确定可能存在的不可接受的风险的危险源，从而确定应急管理的重点控制对象。

3）预测预警。根据危险源的危险特性，对应急控制对象可能发生的事故进行预测，对出现的事故征兆和紧急情况及时发布相关信息进行预警，采取相应措施，将事故消灭在萌芽状态。

4）预警预控。假定事故必然发生，在预警的同时必须预先采取必要的防范、控制措施，将可能出现的情形事先告知相关人员进行预警，将预防措施及相关处理程序告知相关人员，以便在事故发生时，能有备而战，预防事故的恶化或扩大。

2. 应急准备

应急准备是应急管理过程中一个极其关键的过程。

（1）应急准备的目的。应急准备的目的就是通过充分的准备，满足事故征兆、事故发生状态下各种应急救援活动顺利进行的需求，从而实现预期的应急救援目标。

（2）应急准备的内容。应急准备的主要内容包括：应急组织的成立，应急队伍的建立，应急人员的培训，应急预案的编制，应急物资的储备，应急装备的配置，应急技术的研发，应急通信的保障，应急预案的演练，应急资金的保障，应急救援力量的衔接等。

（3）应急准备的工作方法：

1）应急预案的编制。应急救援不能打无准备的仗，应急准备的第一步就是要编制应急预案。应急预案有利于做出及时的应急响应，降低事故后果，应急行动对时间要求十分敏感，不允许有任何拖延，应急预案预先明确了应急各方职责和响应程序，在应急资源等方面进行先期准备，可以指导应急救援迅速、高效、有序地开展，将事故造成的人员伤亡、财产损失和环境破坏降到最低限度。

2）应急资源保障。根据应急预案的要求，进行人力、物力、财力等资源的准备，为应急救援的具体实施提供保障。各项应急保障是否到位对应急救援行动的成败起着至关重要的作用。

3）应急培训。应急培训工作是提高各级领导干部处理突发事件能力的需要，是增强公众公共安全意识、社会责任意识和自救互救能力的需要，是最大限度地预防和减少突发事件发生及其造成损害的需要。应急培训是应急准备中极其重要的一项内容和工作方法之一。

4）应急演练。应急演练活动是检验应急管理体系的适用性、完备性和有效性的最好方式。定期进行应急演练，不仅可以强化相关人员的应急意识，提高参与者的快速响应能力和实战水平，还能暴露应急预案和管理体系中的不足，检验制定的突发事件应变计划是否符合实际、是否可行。同时，有效的应急演练还可以减少应急行动中的人为错误，降低现场宝贵的应急资源和响应时间的耗费。

3. 应急响应

应急响应是在出现事故险情、事故发生状态下，在对事故情况进行分析评估的基础上，有关组织或人员按照应急救援预案立即采取的应急救援行动，包括事故的报警与通报、人员的紧急疏散、急救与医疗、消防和工程抢险措施、信息收集和应急决策以及寻求外部救援等。

（1）应急响应的目的：

1）接到事故预警信息后，采取相应措施，将事故扼制于萌芽状态；

2）尽可能地抢救受害人员，保护可能受威胁的人群，尽可能控制并消除事故，防止事故恶化或扩大，最终控制住速度，使现场局面恢复到常态，最大限度地减少人员伤亡、财产损失和社会影响。

（2）应急响应的工作方法：

1）事态分析。包括事故现状分析和趋势分析。现状分析是指分析事故险情、事故初期状态；趋势分析是指预测分析和评估事故险情、事故发展趋势。

2）启动预案。根据事态分析的结果，迅速启动相应应急预案并确定相应的应急响应级别。

3）救援行动。预案启动后，根据应急预案中相应的响应级别的程序和要求，有组织、有计划、有步骤、有目的地调配应急资源，迅速展开应急救援行动。

4）事态控制。通过一系列紧张有序的应急行动，消除或控制事故，使事故不会扩大或恶化，特别是不会发生次生或衍生事故，具备恢复常态的条件。

（3）应急结束。当事故现场得以控制，环境符合标准，导致次生、衍生事故的隐患消除后，经事故现场应急指挥机构批准后，现场应急救援行动结束。

应急结束后，应明确以下事项：

1）事故情况上报事项；

2）需向事故调查处理组移交相关事项；

3）事故应急救援工作总结报告。

应急结束特指应急响应行动的结束，并不意味着整个应急救援过程的结束。在宣布应急结束后，还要经过后期处置，即应急恢复。

（4）应急恢复。应急恢复是指事故在得到有效控制之后，为使生产、生活、工作和生态环境尽快恢复到正常状态，针对事故造成的设备损坏、厂房破坏、生产中断等后果，采取的设备更新、厂房维修、重新生产等措施，从根本上消除事故隐患，避免重新演化为事故状态；另外，通过迅速恢复到常态，减少事故损失，弱化不良影响。

1）短期恢复。恢复工作应在事故发生后立即进行。首先应使事故影响区域恢复到相对安全的状态，然后逐步恢复到正常状态。要求立即进行的恢复工作包括事故损失评估、原因调查、清理废墟等。在短期恢复工作中，应避免出现新的紧急状况。

2）长期恢复包括厂区重建和受影响区域的重新规划和建设。在长期恢复工作中，应吸取事故和应急救援的经验教训，开展进一步的预防工作和减灾行动。

3）应急恢复的工作方法：

①清理现场。如清理废墟、化学洗消、垃圾外运等。

②常态恢复。灾后重建，各方力量配合，使生产、生活、工作和生态环境等恢复到事故前的状态或比事故发生前状态变得更好；损失评估、保险理赔、事故调查、应急预案复查、评审和改进。

第三节　企业应急预案编制

一、应急预案概述

1. 应急预案的概念

应急预案是指针对可能发生的事故，为迅速、有序地开展应急行动、降低人员伤亡和经济损失而预先制定的有关计划或方案。它是在辨识和评估潜在重大危险、紧急事故类型、紧急事故发生的可能性及发生的过程、紧急事故后果及影响程度的基础上，对应急机构职责、人员、技术、装备、设施、物资、救援行动及其指挥与协调方面预先做出的具体安排。应急预案明确了在紧急事故发生前、紧急事故发生过程中以及紧急事故发生后，谁负责做什么、何时做、怎么做，以及相应的策略和资源准备等。

一个完整的应急预案的重点部分应包括以下内容：

（1）计划概况。对应急救援管理提供一个简述和必要的说明（简介、有关概念、应急组织及职责等）。

（2）预防程序。对潜在事故进行确认并采取减缓事故的有效措施（危害辨识、评价和监控，制定法规、规程等）。

（3）准备程序。说明应急行动前所需做的准备工作（培训程序、演练程序等）。

（4）基本应急程序。任何事故都可适用的应急行动程序（报警程序、通信程序、疏散程序等）。

（5）特殊危险应急程序。针对特殊危险性事故的应急程序（如化学泄漏等）。

（6）恢复程序。事故现场应急行动结束后所需进行的清除和恢复程序（事故调查、事故后果评价、清除与恢复等）。

2. 编制应急预案的目的和意义

（1）编制应急预案的目的。生产经营单位生产安全事故应急预案是国家安全生产应急预案体系的重要组成部分。编制生产经营单位生产安全事故应急预案是贯彻落实"安全第一、预防为主、综合治理"方针，规范生产经营单位应急管理工作，提高应对风险和防范事故的能力,保障职工安全健康和公众生命安全,最大限度地减少财产损失、环境损害和社会影响的重要措施。应急预案的总目标是:将紧急事故局部化,如可能则应予以消除;尽量缩小事故对人、财产和环境的影响。

(2)编制应急预案的意义。编制应急预案的意义主要体现在以下几个方面:

1)应急预案确定了应急救援的范围和体系,使应急管理不再无据可依、无章可循。尤其是通过培训和演练,可以使应急人员熟悉自己的任务,具备完成指定任务所需的相应能力,并检验预案和行动程序,评估应急人员的整体协调性。

2)应急预案有利于发生事故时做出及时的应急响应,降低事故后果。应急行动对时间要求十分敏感,不允许有任何拖延。应急预案预先明确了应急各方的职责和响应程序,在应急资源等方面进行了先期准备,可以指导应急救援迅速、高效、有序地开展,将事故造成的人员伤亡、财产损失和环境破坏降到最低限度。

3)应急预案是各类突发事故的应急基础。通过编制应急预案,可以对那些事先无法预料的突发事故起到基本的应急指导作用,成为开展应急救援的"底线"。在此基础上,可以针对特定事故类别编制专项应急预案,并有针对性地制定应急措施,进行专项应急准备和演练。

4)应急预案建立了与上级单位和部门应急救援体系的衔接。通过编制应急预案,可以确保当发生超过本级应急能力的重大事故时与有关应急机构的联系和协调。

5)编制应急预案有利于提高风险防范意识。应急预案的编制、评审、发布、宣传、演练、教育和培训,有利于各方了解可能面临的重大事故及相应的应急措施,有利于促进各方提高风险防范意识和能力。

3. 应急预案的分类

(1)按时间分类:常备应急预案和临时应急预案。

(2)按事故的类别和紧急情况分类:自然灾害、事故灾害、公共卫生事件、突发社会安全事件等应急预案。

(3)按预案的功能分类:综合应急预案、专项应急预案、现场应急处置方案、单项应急预案。

1)综合应急预案。综合应急预案是从总体上阐述处理事故的应急方针、政策,应急组织结构及相关应急职责,应急行动、措施和保障等基本要求和程序,是应对各类事故的综合性文件。生产规模小、危险因素少的生产经营单位,综合应急预案和专项应急预案可以合并编写。

2）专项应急预案。专项应急预案是针对具体的事故类别（如火灾、危险化学品泄漏等事故）、危险源和应急保障而制定的计划或方案（包括自然灾害应急预案、事故灾害应急预案、突发公共卫生事件应急预案、突发社会安全事件应急预案），是综合应急预案的组成部分，应按照综合应急预案的程序和要求组织制定，并作为综合应急预案的附件。专项应急预案应制定明确的救援程序和具体的应急救援措施。

3）现场应急处置方案。现场应急处置方案是针对具体的装置、场所或设施、岗位所制定的应急处置措施。现场处置方案应具体、简单、针对性强。现场处置方案应根据风险评估及危险性控制措施逐一编制，做到事故应急相关人员应知应会，熟练掌握，并通过应急演练，做到迅速反应、正确处置。

4）单项应急预案。单项应急预案是针对大型公众聚集活动和高风险的建筑施工活动等而制定的临时性应急行动方案，内容主要是针对活动中可能出现的紧急情况，预先对相应应急机构的职责、任务和预防措施做出的安排。

二、企业生产安全事故应急预案体系

健全完善的企业应急预案体系，应该做到"横向到边、纵向到底"，并符合"统一领导、分类管理、分级负责"的原则。

《生产经营单位生产安全事故应急救援预案编制导则》（GB/T 29639—2013）（以下简称《导则》）规定了企业编制生产安全事故应急预案的基本要求，适用于中华人民共和国领域内从事生产经营活动的所有单位。《导则》对应急预案编制工作提出了要求，描述了企业应急预案编制程序，重点帮助企业编制切合实际的应急预案。《导则》还提出了应急预案体系，并分别对综合应急预案、专项应急预案和现场处置方案进行了描述，重点解决目前企业应急预案针对性不强、内容重复的问题。

根据《导则》，生产经营单位生产安全事故应急预案可以由综合应急预案、专项应急预案和现场应急处置方案构成，明确生产经营单位在事前、事发、事中、事后的各个过程中相关部门和有关人员的职责。生产经营单位结合本单位的组织结构、管理模式、风险种类、生产规模的特点，可以对应急预案主体结构等要素进行调整。

（1）综合应急预案。综合应急预案是企业应急预案体系的总纲，主要从总体上阐述事故的应急工作原则。

综合应急预案的主要内容包括：总则、企业概况、应急组织机构及职责、应急预案体系，事故风险描述、预警及信息报告、应急响应、保障措施、应急预案管理等。

（2）专项应急预案。专项应急预案是企业为应对某一类型或几种类型事故，或者针对重要生产设施、重大危险源、重大活动等内容而制定的应急预案。

专项应急预案的主要内容包括：事故风险分析、应急指挥机构及职责、处置程序和措施等。

（3）现场应急处置方案。现场应急处置方案是企业根据不同事故类型，针对具体的场所、装置或设施所制定的应急处置措施。企业应根据风险评估、岗位操作规程以及危险性控制措施，组织本单位现场作业人员及安全生产管理等专业人员共同编制现场处置方案。

现场处置方案的主要内容包括事故风险分析、应急工作职责、应急处置和注意事项等。

三、企业应急预案编制

编制应急预案是应急救援工作的核心内容之一，是开展应急救援工作的重要保障。科学地编制应急预案成为一项社会性的工程，应受到政府和企业的高度重视。

1. 应急预案的编制原则

生产经营单位应急预案编制的原则主要有：

（1）生产经营单位事故应急预案应针对那些可能造成本企业、本系统人员死亡或严重伤害，设备和环境受到严重破坏而又具有突发性的灾害，如火灾、危险化学品泄漏等；

（2）生产经营单位事故应急预案是对日常安全生产管理工作的必要补充，应急预案应以完善的预防措施为基础，体现"安全第一、预防为主、综合治理"的方针；

（3）生产经营单位事故应急预案应以努力保护人身安全、防止人员伤害为第一目的，同时兼顾设备和环境的保护，尽量减少灾害造成的损失；

（4）生产经营单位编制应急预案，内容应包括对紧急情况的处理程序和措施；

（5）生产经营单位事故应急预案应结合实际，措施明确、具体，具有很强的可操作性；

（6）生产经营单位应确保应急预案符合国家法律、法规的规定，不应把应急预案作为维持设施安全运行状态重大危险源的替代措施；

（7）生产经营单位事故应急预案应经常检查、修订，以保证先进和科学的防灾减灾设备和措施被采用。

2. 编制应急预案的基本要求

编制应急预案是进行应急准备的重要工作内容之一，编制应急预案要遵守一定的编制程序，应急预案的内容也应满足下列基本要求：

（1）应急预案要有针对性。应急预案应结合危险源分析的结果，针对以下内容进行编制，确保其有效性：

1）针对重大危险源。重大危险源是指长期或临时的生产、搬运、使用或者储存危险物品，且危险物品的数量等于或者超过临界量的单元（包括场所和设施）。重大危险源历来就是国家安全生产重点监控的对象，在《中华人民共和国安全生产法》中明确要求针对重大危险源进行定期检测、评估、监控，并制定相应的应急预案。

2）针对可能发生的各类事故。由于应急预案是针对可能发生的事故而预先制定的行动方案，因此，应在编制应急预案之初就要对生产经营单位中可能发生的各类事故进行分析，在此基础上编制预案，才能确保应急预案更广范围的覆盖性。同时，不同的企业可能发生的事故类型也往往不相同，因此，不同企业的应急预案也应该存在差异。

3）针对关键的岗位和地点。不同的生产经营单位或同一生产经营单位不同生产岗位所存在的风险大小都往往不同，要针对特殊或关键的工作岗位和地点。这些岗位和地点在同行业中事故发生概率较高或者发生概率低，但是一旦发生事故造成的后果却十分严重，针对这些关键的岗位和地点，应当编制应急预案。

4）针对薄弱环节。生产经营单位的薄弱环节主要指生产经营单位对重大事故发生的应急能力缺陷或不足的方面。生产经营单位在进行重大事故应急救援过程中，企业的人力、救援装备等资源可能会满足不了要求，在编制应急预案过程中，必须针对这些薄弱环节提出弥补措施。

5）针对重要工程。重要工程的建设或管理单位应当编制应急预案。这些重要工程往往关系到国计民生，一旦发生事故，其造成的影响或损失往往不可估量，因此，针对这些重要工程应当编制相应的应急预案。

（2）应急预案要有科学性。应急救援工作是一项科学性很强的工作。编制应急预案必须以科学的态度，在全面调查研究的基础上，采取领导和专家相结合的方式，开展科学分析和论证，制定出应急手段先进的应急反应方案，使应急预案真正具有科学性。

（3）应急预案要有可操作性。应急预案应具有实用性或可操作性，即发生重大事故灾难时，有关应急组织、人员可以按照应急预案的规定迅速、有序、有效地开展应急救援行动，降低事故损失。为确保应急预案实用、可操作，在重大事故应急预案编制过程中应充分分析、评估本地可能存在的重大危险源及其后果，并结合自身应急资源、应急能力的实际条件，对应急过程的一些关键信息如潜在重大危险源及后果分析、支持保障条件、决策、指挥与协调机制等进行系统的描述。

（4）应急预案要有完整性。应急预案内容应完整，包括实施应急响应行动需要的所有基本信息。应急预案的完整性主要体现在下列几方面：

1）功能完整。应急预案中应说明有关部门应履行的应急准备、应急响应职能和灾后恢复职能，说明为确保应急功能目标实现的支持性职能。

2）应急过程完整。应急管理一般可划分为应急预防（减灾）、应急准备、应急响应和应急恢复四个阶段，每一阶段的工作以前一阶段的工作为基础，目标是减轻重大事故造成的冲击，把影响降至最小，因此可能会涉及不同性质的应急预案。重大事故应急预案至少应涵盖上述四个阶段，尤其是应急准备和应急响应阶段，应急预案应全面说明这两个阶段的有关应急事项。同时，应急预案应包含对事故现场进行短期恢复的内容，如恢复基础设施的"生命线"，包括供水、供电、供气或疏通道路等以方便救援，此类行动是应急响应的自然延伸，也包括在应急预案中。此外，由于短期恢复状况会影响减灾策略的实施，因此，应急预案中又必然涉及有关减灾策略的内容。

3）适用范围完整。应急预案中应阐明该预案的适用范围。应急预案的适用范围不仅指在本区域或生产经营单位内发生事故时应启动预案，其他区域或生产经营单位发生事故，也有可能作为该预案启动条件。即针对不同事故的性质，可能会对预案的适用范围进行扩展。

（5）应急预案要合法合规。应急预案中的内容应符合国家法律、法规、标准和规范的要求，应急预案的编制工作必须遵守相关法律、法规的规定。我国有关生产安全事故应急预案编制工作的法律、法规主要有《中华人民共和国安全生产法》《中华人民共和国突发事件应对法》《生产安全事故报告和调查处理条例》《生产经营单位生产安全事故应急预案编制导则》等，因此，编制生产安全事故应急预案必须遵守这些法律、法规的规定，并参考具体事故类型的法律、法规、标准和规范要求编写。

（6）应急预案要有可读性。应急预案应当包含应急所需的所有基本信息，这些信息如组织整理不善可能会影响预案执行的有效性，因此预案中信息的整理组织方式应有利于使用和获取，并具备相当的可读性。

1）易于查询。应急预案中信息的整理组织方式应有助于使用者找到所需要的信息，各章节组成部分阅读起来较为连贯，能够较为轻松方便地掌握章节的内容安排，查询到所需要的信息。

2）语言简洁，通俗易懂。应急预案编写人员应使用规范语言表达预案内容，并尽可能使用诸如地图、曲线图、表格等多种信息表达形式，使所编制的应急预案语言简洁，通俗易懂。应急预案中可采用当地语言文字描述，必要时补充当地语种；尽量引用普遍接受的原则、标准和规程，对于那些对编制应急预案有重要作用的依据应列入预案附录；专业化的技术术语或信息应采用使用者理解的方式说明。

3）层次及结构。应急预案应有清晰的层次结构。正如前文所述，由于可能发生的事故类型多样，影响范围也各有不同，因此，应根据不同类型事故、特点和具体场合合理组织各类预案。

（7）应急预案要相互衔接。应急预案应相互协调一致、相互兼容。如生产经营单位的应急预案，应与上级单位应急预案、当地政府应急预案、主管部门应急预案、下级单位应急预案等相互衔接，确保出现紧急情况时能够及时启动各方应急预案，有效控制事故。

3. 应急预案编制步骤

应急预案的编制过程可分为以下 6 个步骤：

（1）成立应急预案编制工作组。应急预案编制部门或单位应组成预案编制工作小组，吸收预案涉及的主要部门和单位业务相关人员、有关工艺设备等各方面专家及有现场处置经验的人员参加。编制工作组组长由应急预案编制部门或单位有关负责人担任。

（2）资料收集。应急预案编制前，需要收集相关的法律、法规和标准，它们是编制内容的依据。收集的资料，如机构职能、人员编制、通信联络、相关路线图和应急资源等，是制作附件的依据。有些资料可直接用作附件，成为应急预案整体的一部分。

收集资料和现场考察了解情况相结合，便于有效地开展应急预案编制工作，使应急预案具有科学性、可操作性。

（3）评估安全风险。风险评估是指预测未来的风险事件发生之后，给人们的生活、生命、财产等各个方面造成的影响和损失进行量化评估的工作。安全风险评估是通过计算生产安全事故发生的概率，预测事故可能造成的损失，再把两者结合起来，得出事故风险大小的结论。通过风险评估，可以了解评估对象风险大小，以便在编制预案时制定有针对性的处置方案。

风险评估的主要内容包括：

1）分析生产经营单位存在的危险因素，确定事故危险源；

2）分析可能发生的事故类型及后果，并指出可能产生的次生、衍生事故；

3）评估事故的危害程度和影响范围，并提出风险防控措施，疏散受影响的人员。

（4）评估应急能力。应急能力是事故发生后，有效实施事故应急处置、应急救援和应急保障的能力。应急能力体现在应急救援支持保障体系的建立和完善程度，主要包括应急指挥能力、事故速报能力、事故处置能力、社会动员能力，以及应急资源保障能力。应急资源包括专业应急人员等各种应急力量，各种应急装备设施、物资，上级救援机构或邻近单位可用的应急资源等。

在风险分析基础上，全面调查和客观分析生产经营单位应急队伍的构成和技术水平，调查和分析应急装备、物资是否充足；在调查应急资源状况基础上，进行分析评估，得出评价结果。

（5）编制应急预案。编制应急预案之前，已经做了上述必要的准备工作：成立应急预案编制工作组，收集资料，风险评估，应急能力评估。接着，就可以开始编制预案。在预案编制过程中，可能发现资料收集不足、风险评估不准确、应急能力不足等问题，这就可以重复进行前面的工作，如再次收集资料，进一步的风险评估、应急能力评估、编制应急预案，直到完成。

（6）应急预案评审。应急预案评审就是评价、审查应急预案质量，审查应急预案是否符合法律、法规的要求，审查应急预案是否具有科学性、针对性、可操作性，审查结构的完整性。

应急预案编制完成后，生产经营单位应组织评审，评审分为内部评审和外部评审。内部评审由生产经营单位主要负责人组织有关部门和人员进行，评审人员应包括安全专家、安全技术人员、工艺专家、工艺技术人员、设备专家、现场技术人员及应急处置与救援的专业技术人员。外部评审由生产经营单位组织聘请外部有关专家和人员进行评审，包括外单位或上级主管部门聘用的安全专家、安全技术人员、工艺专家、工艺技术人员、设备专家及应急处置与救援方面的专家和技术人员。

应急预案评审合格后，由生产经营单位主要负责人（或分管负责人）签发实施，并进行备案管理。

4. 应急预案主要内容

（1）综合应急预案的内容要求。依据《生产经营单位生产安全事故应急预案编制导则》（以下简称《导则》），综合应急预案的主要内容应包括总则、事故风险描述、应急组织机构及职责、预警及信息报告、应急响应、信息公开、后期处置和保障措施。

1）总则：

①编制目的；

②编制依据；

③适用范围；

④应急预案体系；

⑤应急工作原则。

2）事故风险描述。简述生产经营单位存在或可能发生的事故风险种类、事故发生的可能性、严重程度以及影响范围等。

3）应急组织机构及职责。明确生产经营单位的应急组织形式及组成单位或人员，可用结构图的形式表示，明确构成部门的职责。应急组织机构根据事故类型和应急工作需要，可设置相应的应急工作小组，并明确各小组的工作任务及职责。

4）预警及信息报告：

①预警的条件、方式、方法和信息发布的程序。

②信息报告。信息接收与通报的 24 小时值守电话，事故信息接收，通报程序和责任人；信息上报的流程、内容、时限和责任人；信息传递，主要指的是向外通报事故信息的方法、程序和责任人。

5）应急响应：

①响应分级；

②响应程序；

③处置措施；

④应急结束。

6）信息公开。明确向有关新闻媒体、社会公众通报事故信息的部门、负责人和程序以及通报原则。

7）后期处置。主要明确污染物处理、生产秩序恢复、医疗救治、人员安置、善后赔偿、应急救援评估等内容。

8）保障措施：

①通信与信息保障；

②应急队伍保障；

③物资装备保障；

④其他保障。

9）应急预案管理：

①应急预案培训；

②应急预案演练；

③应急预案修订；

④应急预案备案；

⑤应急预案实施。

（2）专项应急预案的内容要求。依据《导则》，专项应急预案的内容应包括事故风险分析、应急指挥机构及职责、处置程序和处置措施。

1）事故风险分析。针对可能发生的事故风险，分析事故发生的可能性以及严重程度、影响范围等。

2）应急指挥机构及职责。根据事故类型，明确应急指挥机构总指挥、副总指挥以及各成员单位或人员的具体职责。应急指挥机构可以设置相应的应急救援工作小组，明确各小组的工作任务及主要负责人职责。

3）处置程序。明确事故及事故险情信息报告程序和内容，报告方式和责任人等内容。根据事故应急响应级别，具体描述事故接警报告和记录、应急指挥机构启动、应急指挥、资源调配、应急救援、扩大应急等应急响应程序。

4）处置措施。针对可能发生的事故风险、事故危害程度和影响范围，制定相应的应急处置措施，明确处置原则和具体要求。

（3）现场处置方案的内容要求。依据《导则》，现场处置方案的内容应包括事故风险分析、应急工作职责、应急处置和注意事项。

1）事故风险分析：

①事故类型；

②事故发生的区域、地点或装置的名称；

③事故发生的可能时间、事故的危害严重程度及其影响范围；

④事故前可能出现的征兆；

⑤事故可能引发的次生、衍生事故。

2）应急工作职责。根据现场工作岗位、组织形式及人员构成，明确各岗位人员的应急工作分工和职责。

3）应急处置：

①事故应急处置程序；

②现场应急处置措施；

③明确报警负责人以及报警电话及上级管理部门，相关应急救援单位联络方式和联系人员，事故报告基本要求和内容。

4）注意事项：

①佩戴个人防护器具方面的注意事项；

②使用抢险救援器材方面的注意事项；

③采取救援对策或措施方面的注意事项；

④现场自救和互救注意事项；

⑤现场应急处置能力确认和人员安全防护等事项；

⑥应急救援结束后的注意事项；

⑦其他需要特别警示的事项。

（4）附件的内容要求。依据《导则》，附件应包括以下主要内容：

1）有关应急部门、机构或人员的联系方式。

2）应急物资装备的名录或清单。

3）规范化格式文本。

4）关键的路线、标识和图纸。警报系统分布及覆盖范围，重要防护目标、危险源一览表、分布图，应急指挥部位置及救援队伍行动路线，疏散路线、警戒范围、重要地点等的标识，相关平面布置图纸、救援力量的分布图纸等。

5）有关协议或备忘录。列出与相关应急救援部门签订的应急救援协议或备忘录。

四、企业应急预案管理

根据《突发事件应急预案管理办法》（国办发〔2013〕101号）的要求，应急预案管理工作主要包括应急预案的审批与发布、培训和宣传教育、应急演练、修订、更新等内容。做好应急预案管理工作是安全生产应急管理工作的重要组成部分，是开展应急救援的一项基础性工作；同时也是降低事故风险，及时有效地开展应急救援工作的重要保障，是促进安全生产形势稳定好转的重要措施。

1. 应急预案审批与发布

应急预案编制完成后，应进行审批。应急预案审批的目的是确保应急预案能反映当地政府或生产经营单位经济、技术发展、应急能力、危险源、危险物品使用、法律及地方法规、道路建设、人口、应急电话等方面的最新变化，确保应急预案与危险状况相适应。

审批后，按规定报有关部门备案，并经生产经营主要负责人签署发布。

（1）应急预案评审类型。应急管理部门或编制单位应通过应急预案评审过程不断地更新、完善和改进应急预案。根据评审性质、评审人员和评审目标的不同，将评审过程分为内部评审和外部评审两类。

1）内部评审是指编制小组内部组织的评审。应急预案编制单位应在应急预案初稿编写完成之后，组织编写成员及企业内各职能部门负责人对应急预案进行内部评审。内部评审不仅要确保语句通畅，更重要的是各职能部门的应急管理职责清晰，应急处理程序明确以及应急预案的完整性。编制小组可以对照检查表检查各自的工作或评审整个应急预案，以获得全面的评估结果，保证各种类型应急预案之间的协调性和一致性。

内部评审工作完成之后，应急预案编制单位可以根据实际情况对预案进行修订。如果涉及外部资源，应进行外部评审。如果不涉及外部资源，根据情况或上级部门的意见确定。

2）外部评审。外部评审是指应急预案编制单位组织本地区或外地行业专家、上级机构、社区及有关政府部门对应急预案进行评议的评审。外部评审的主要作用是确保应急预案中规定的各项权利法制化，确保应急预案被所有部门接受。根据评审人员和评审机构不同，外部评审可分为行业评审、上级评审、社区评议和政府评审四类。

①行业评审。应急预案内部评审并修订完成之后，编制单位应邀请具备与编制成员类似资格或专业背景的人员进行行业评审，以便对应急预案提出客观意见。此类人员一般包括：各类工业企业及管理部门的安全、环保专家以及救援服务部门的专家，其他有关应急管理部门或支持部门的专家（如消防部门、公安部门、环保部门和卫生部门专家），本地区熟悉应急救援工作的专家。

②上级评审。上级评审是指由应急预案编制单位将起草的应急预案交由上一级组织机构进行的评审，一般在评审及相应的修订工作完成以后进行。重大事故应急响应过程中，需要有足够的人力、装备（包括个人防护设备）、财政等资源的支持，所有应急功能（职能）的相关方应确保上述资源保持随时可用状态。实施上级评审的目标是确保有关责任人或组织机构对应急预案中要求的资源予以授权和做出相应承诺。

③社区评议。社区评议是指在应急预案审批阶段，应急预案编制单位组织公众对应急预案进行评议。公众参与应急预案评审不仅可以改善应急预案的完整性，也有利于促进公众对应急预案的理解，使其被周围各社区正式接受，从而提高对事故的有效预防。

④政府评审。政府评审是指由当地政府部门组织有关专家对编制单位所编写的应急预案实施审查批准，并予以备案的过程。政府对于重大事故应急准备或响应过程的管理不仅体现在应急预案的编制上，还应参与应急预案的评审过程。政府评审的目的是确认该应急预案是否符合相关法律、法规、规章、标准和上级政府有关规定的要求，并与其他应急预案协调一致。一般来说，政府部门对应急预案评审后，应通过规范性文件等形式对该应急预案进行认可和备案。

（2）评审时机。应急预案评审时机是指应急管理机构、组织应在何种情况下，何时或间隔多长时间对应急预案实施评审、修订。对此，相关法律、法规一般都有较为明确的规定或说明，应急预案的评审、修订时机和频次可以遵循如下规则：

1）定期评审、修订；

2）随时针对培训和演练中发现的问题对应急预案实施评审、修订；

3）评审重大事故灾害的应急过程，吸取相应的经验和教训，修订应急预案；

4）国家有关应急的方针、政策、法律、法规、规章和标准发生变化时，评审、修订应急预案；

　　5）危险源有较大变化时，评审、修订应急预案；

　　6）根据应急预案的规定，评审、修订应急预案。

　　（3）评审项目。确保应急预案内容完整、信息准确，符合国家有关法律、法规要求，并具有可读性和实用性。

2. 应急预案培训与宣传教育

　　应急预案培训与宣传教育工作是保证生产安全事故应急预案贯彻实施的重要手段，是提高事故防范能力的重要途径。各类生产经营单位要按照国家安全生产监督管理总局《关于加强安全生产应急管理工作的意见》（安监总应急〔2006〕196号）和《关于加强安全生产应急管理培训工作的实施意见》（安监总应急〔2007〕34号）要求采取不同方式开展安全生产应急管理知识和应急预案的培训和宣传教育工作，使应急预案相关职能部门及其人员提高安全意识和责任意识，明确应急工作程序，提高应急处置和协调能力，在此基础上确保所有从业人员具备基本的应急技能，熟悉企业应急预案，掌握本岗位事故防范措施和应急处置程序，提高应急处置水平。

　　生产经营单位应当经常对本单位负责应急管理工作的人员以及专职或兼职应急救援人员进行相应的知识培训。同时，还应加强对安全生产关键责任岗位的职工的应急培训，使其掌握生产安全事故的紧急处置方法，增强自救、互救和第一时间处置突发事故的能力。

3. 应急预案演练

　　应急预案演练是应急准备的一个重要环节。通过演练，可以检验应急预案的可行性和应急响应的准备情况。通过演练，可以发现应急预案中存在的问题，完善应急工作机制，提高应急响应能力。通过演练，可以锻炼队伍，提高应急队伍的作战力，熟练操作技能。通过演练，可以教育广大干部和群众，增强安全意识，提高安全生产工作的自觉性。为此，预案管理和相关规章中都有对应急预案演练的要求。

4. 应急预案修订与更新

　　应急预案必须与生产经营单位规模、危险等级及应急准备等情况一致。随着社会、经济和环境的变化，应急预案中包含的信息可能会发生变化。因此，应急组织或应急管理机构应定期或根据实际需要对应急预案进行评审、检验、更新和完善，以便及时更换变化或过时的信息，并解决演练、实施中反映出的问题。

当出现以下情况时，应对应急预案进行修订：

（1）法律、法规的变化；

（2）需对应急组织和政策作相应的调整和完善；

（3）机构或部门、人员调整；

（4）通过演练和实际生产安全事故应急反应取得了启发性经验；

（5）需对应急响应的内容进行修订；

（6）其他情况。

应急预案管理部门应根据应急预案评审的结果、应急演练的结果及日常发现的问题，组织人员对应急预案进行修订、更新，以确保应急预案的持续适宜性。同时，修订、更新的应急预案，应通过有关负责人员的认可，并及时进行发布和备案。

第三章　应急培训和预案的演练

要做到生产安全事故突发时能准确、及时地按照应急处置程序和方法，快速反应、处置事故或将事故消灭在萌芽状态，就必须对应急预案进行培训和演练，使各级应急机构的指挥人员、抢险队伍、企业职工了解和熟悉事故应急的要求和自己的职责。只有做到这一步，才能在紧急状况时采用应急预案中制定的抢险和救援方式，及时、有效、正确地实施现场抢险和救援措施，最大限度地减少人员伤亡和财产损失。

第一节　应 急 培 训

企业应急预案发布实施后，应进行广泛的宣传，开展有针对性的培训和演练，否则预案将变成一纸空文，在突发事故时将起不到任何作用或者起到的作用微乎其微。

一、应急培训的目的

应急培训是增强企业安全意识和责任意识，提高事故防范能力的重要途径，是提高应急救援人员和职工应急能力的重要措施，是保证应急预案贯彻实施的重要手段。因此，企业应按照《国家安全生产监督管理总局办公厅关于进一步加强安全生产应急管理培训工作的通知》（安监总厅应急〔2011〕108 号）等相关文件提出的要求，根据自身特点，定期组织本企业的应急培训。应急培训的主要目标如下：

（1）检验应急预案和操作程序的充分程度；

（2）检验紧急装置、设备及物质资源的供应情况；

（3）提高现场内、外应急部门的协调能力；

（4）判别和改正应急预案的缺陷；

（5）提高企业员工及公众的应急意识。

二、应急培训的重点

应急培训的重点要根据培训对象而有所不同，包括各级各类应急管理机构负责人和工作人员，培训工作的重点是熟悉、掌握应急预案和相关工作制度，提高为领导决策服务和开展应急管理工作的能力。各级应急管理机构要采取多种形式，加强工作人员综合应急培训，有针对性地提高应急值守、信息报告、组织协调、技术通信、预案管理等方面的应急能力，增强公共安全意识，提高排除安全隐患和快速高效应对处置突发事故的能力。

要通过培训，使受训人员的应急知识得到拓展，形成以应急管理理论为基础，以提高各级应急管理人员的应急处置和事故防范能力为重点，以提高各类人员事故预防、应急处置、指挥协调能力为基本内容的教育培训课程体系。培训是一个逐步提高认识、提高能力的过程，需要以实际需要为导向，逐步形成多渠道、多层次、全方位的工作格局。

三、应急培训方式和方法

在培训的具体安排上可以多种多样，可以采取脱产培训与在职学习相结合，分级分类组织实施。对分公司负责人或管理人员可以充分利用各类教育培训机构及远程教育渠道，开展应急知识和技能培训；可以发挥高等学校、科研机构培养应急管理人才和专业人才的作用；充分利用现有各类培训教育资源和广播、电视、远程教育等手段，依托各级党校和各类专业院校以及应急领域科研院所，开展联合培训；有计划地举办专题培训班，推进培训手段的现代化。

在培训方法上可以多种形式并存，不拘一格，常用的有讲授法、案例法、情景模拟法等。讲授法是一种常见的方法，在培训的开始阶段常常需要采用。但应急培训对象多为工作有经验人员，有一定的知识基础和社会生活经验，分析理解能力较强，如讲授过程比较枯燥，容易出现注意力不集中、降低培训效果，可采取启发式、多样性教学。教师除讲解传授基础知识、基本技能外，可启发学员提问、互相讨论，共同寻找答案。可采取讲课、讲座和专题报告等多种形式授课，课后组织讨论，将意见反馈，调动教学双方的积极性，相互促进，将课堂教学引向深入。案例法是使受训人员通过分析现实案例而得到应对突发事件的知识和训练的一种方法，在培训中，指导者对受训人员先介绍一个应对突发事故的案例，要求受训者对案例进行讨论，分析其处理过程的得失，成功或失败的原因，从中学习应对突发事件的知识和技能。情景模拟法是指根据受训者可能担任的职务，编制一套与该职务实际情况相似的项目，将受训者安排在模拟的、逼真的工作环境中，要求受训者处理可能出现的问题，用多种方法来测评其心理素质、潜在能力的一系列方法。

四、应急培训的主要内容

1. 应急培训的范围

（1）政府主管部门的培训；

（2）社区居民的培训；

（3）企业全员的培训；

（4）专业应急救援队伍的培训。

应制订应急培训计划，采用各种教学手段和方式，如自学、讲课、办培训班等，加强对各有关人员抢险救援的培训，以提高事故应急处置能力。

2. 应急培训的主要内容

应急培训的主要内容包括：安全应急法律、法规、条例和标准，安全生产知识，各级应急预案、抢险维修方案、岗位专业知识、应急救护技能、风险识别与控制、基本知识、案例分析等，根据受训人员层次不同，培训的内容要有不同侧重点。

（1）安全应急法律、法规。法规教育是应急培训的核心之一，也是安全教育的重要组成部分。通过教育使应急人员在思想上牢固树立法制观念，明确"有法必依、照章办事"的原则。

（2）安全生产基础知识。各企业要针对涉及的危险源和事故进行有针对性的培训。如火灾、爆炸基本理论及其简要预防措施；识别重大危险源及其危害的基本特征；重大危险源及其临界值的概念；化学毒物进入人体的途径及控制其扩散的方法；中毒、窒息的判断及救护等。

（3）安全技术与抢修技术。在实际操作中，将所学到的知识运用到抢修工作中，进行安全操作、事故控制抢修、抢险工具的操作、应用；消防器材的使用等。

（4）应急救援预案的主要内容。使全体职工了解应急预案的基本内容和程序，明确自己在应急过程中的职责和任务，这是保证应急救援预案能快速启动、顺利实施的关键环节。

五、企业应急培训的对象与要求

1. 企业负责人和管理人员

企业负责人和管理人员要负责企业的安全生产，负责制定和修订企业的生产安全事故应急预案，在应急状况下组织指挥抢险救援工作。因此，他们培训的重点应放在执行国家方针、政策；严格贯彻安全生产责任制；落实规章制度、标准等方面。

（1）认识水平与能力培训。负责人和管理人员应急管理培训的重点是增强应急管理意识，提高应急管理能力。要学习党中央、国务院关于加强应急管理工作的方针政策和工作部署，以及相关法律、法规和应急预案，提高思想认识和应对事故的综合素质。要加强对事故风险的识别，深入分析生产安全事故发生的特点和运行规律，从而采取有针对性的管理措施，制定可行预案，争取把问题解决在萌芽状态，或降低事故的破坏程度。

（2）决策技术与方法培训。面对事故，要头脑冷静，科学分析，准确判断，果断决策，整合资源，调动各种力量，共同应对。在发生事故的紧急情况下，高效决策，是正确应对事件的关键，又是一个较复杂难度较高的过程，要求负责人和管理人员有良好的素质和决策能力。如果负责人和管理人员未接受过基本的应对事故的培训，缺乏起码的决策知识，就可能因决策失误，造成巨大损失。因此，必须通过培训，不断提高负责人和管理人员科学决策的能力和应对事故的能力，帮助决策者总结经验教训，提高实战能力。

（3）法制观念与意识培训。依法治国，依法行政，我国已相继制定突发事件应对以及应对自然灾害、事故灾难、公共卫生事件和社会安全事件的法律、法规 80 多部，基本建立了以宪法为依据、以《中华人民共和国突发事件应对法》为核心，以相关单项法律、法规为配套的应急管理法律体系，突发事件和生产安全事故应对工作已经进入制度化、规范化、法制化轨道，负责人和管理人员必须认真学习这些法律、法规，在紧急情况下行使行政紧急权，依法应对事故。

（4）现场控制与执行能力培训。要通过培训，使担任事故现场应急指挥的负责人和管理人员具备下列能力：协调与指导所有的应急活动；负责执行一个综合性的应急救援预案；对现场内外应急资源的合理调用；提供管理和技术监督，协调后勤支持；协调信息发布和政府官员参与的应急工作；负责向国家、省市、当地政府主管部门递交事故报告；负责提供事故和应急工作总结。

2. 企业从业人员

企业从业人员包括正式员工、劳务工、属地用工和临时用工等多种成员。由于从业人员的素质参差不齐，生产技术水平和安全生产知识、安全生产技术水平有高有低，必须加强培训，以提高应急反应能力。

对企业从业人员培训的重点在于：树立法律意识，遵章守纪；应急预案的基本内容和程序；严格执行安全操作规程；与应急有关的安全生产技术；自救和互救的常识和基本技能等。

所有的从业人员都应通过培训熟悉并了解自己工作所在的岗位的应急预案的内容，知道启动应急预案后自己所承担的相应职责和工作。使他们能够在实际操作中，应用所学到的知识，提高安全生产操作和处置、控制事故的技能。

3. 应急抢险人员

专职应急抢险人员是发生事故时应急抢险的主力军，主要包括抢险救护、医疗、消防、交通、通信等人员以及企业单位设立的专职或兼职应急救援队员。抢险人员要大力加强技术培训工作，要熟悉应急预案每一个步骤和自己的职责，切实做到临危不乱，人人出手过得硬。对应急抢险人员培训的主要内容包括：熟悉应急预案的全部内容，各种情况下的维修和抢险方案；熟练掌握本单位或部门在应急救援过程中所应用的器具、装备的使用及维护，掌握和了解重大危险源及其事故的控制系统；有关安全生产方面的规章制度、操作规程；应急救援过程中的自身安全防护知识，防护器具的正确使用；本企业所辖的管道线路、站场、阀室、附属设施及周边自然和社会环境的相关信息；事故案例分析等。

对于不同职能的应急人员，培训的内容和要求也不一样。培训的基本要求是：通过培训，使应急人员掌握必要的知识和技能以识别危险源、评价事故的危险性，从而采取正确的措施。具体培训中，通常将不同职能的专业应急人员分为如下 4 种水平，每一种水平都有相应的培训要求：

（1）初级操作水平应急人员。该水平应急人员主要参与预防生产安全事故的发生，以及发生事故后的应急处置，其作用是有效控制事故扩大化，降低事故可能造成的影响。对他们的培训要求有：掌握危险源辨识和危险程度分级方法；掌握基本的危险和风险评价技术；学会正确选择和使用个人防护设备；了解危险因素的基本术语和特性；掌握危险因素的基本控制操作；掌握基本危险因素消除程序；熟悉应急预案的基本内容等。

（2）专业水平应急人员。专业水平应急人员的培训应根据有关指南要求执行，对其培训要求除了掌握上述初级操作水平应急人员的知识和技能以外，还包括：保证事故现场人员的安全，防止伤亡的发生；执行应急行动计划；识别、确认、证实危险因素；了解应急救援系统各岗位的功能和作用；了解个人防护设备的选择和使用；掌握危险的识别和风险的评价技术；了解先进的风险控制技术；执行事故现场消除程序；了解基本的化学、生物学、医学的术语及其表现形式。

（3）专家水平应急人员。具有专家水平的应急人员通常与相关行业专业技术人员一起对紧急情况做出紧急处理，并向专业人员提供技术支持，因此要求该类专家应对突发事故危险因素的知识、信息比专业人员更广博、更精深，因而应当接受更高水平的专业培训，以便具有相当高的应急水平和能力。其培训要求有：接受专业水平应急人员的所有培训要求；理解并参与应急救援系统的各岗位职责的分配；掌握风险评估技术；掌握危险因素的有效控制操作；参加一般和特别程序的制定与执行；参与应急行动结束程序的执行；掌握化学、生物学、医学的术语与表现形式。

（4）指挥级水平应急人员。指挥级水平应急人员主要负责的是对事故现场的控制并执行现场应急行动，协调应急队员之间的活动和通信联系。该水平应急人员应具有相当丰富的事故应急和现场管理的经验。由于他们责任重大，要求他们参加的培训应更为全面和严格，以提高应急指挥者的素质，保证事故应急的顺利完成。

作为应急管理专业人员，重要的是具有专业操作水平。国家重视建立应急救援专家队伍，充分发挥专家学者的专业特长和技术优势，他们也是广义的专业人员。对应急管理专业人员的培训，要充分发挥高等学校、科研机构的作用。

4．岗位应急培训

对处于能首先发现事故险情并需要及时报警的岗位应急人员，如保安、门卫、巡查、值班人员、生产操作人员、作业人员等这些一线岗位人员，应当被看作是初级操作水平应急人员。该水平应急人员的培训内容主要是人员素质、文化知识、心理素质、应急意识与能力的培养。

（1）具体培训要求：

1）能识别危险因素及事故发生的征兆，如确认危险物质并能识别危险物质的泄漏迹象；

2）了解所涉及的危险事故发生的潜在后果，如危险物质泄漏的潜在后果；

3）了解自身的作用和责任；

4）能确认必需的应急资源；

5）如果需要疏散，则应限制未经授权人员进入事故现场；

6）熟悉现场安全区域的划分；

7）了解基本的事故控制技术。

（2）在对这些作为初级操作水平应急人员的一线特定岗位人员实施培训时，要抓住以下几个重点环节和行动，并确保他们掌握了相应的要求和具备完成这些应急行动的能力：

1）报警。通过培训，使应急人员了解并掌握如何利用身边的手机、电话等工具，以最快速度报警。使用发布紧急情况通告的方法，如使用警笛、警钟、电话或广播等。为及时疏散事故现场的所有人员，应急人员要掌握在事故现场贴发警示标志等方法，引导人们向安全区域疏散。

2）疏散。培训应急人员在事故现场安全有序地疏散被困人员或周围人群。对人员疏散的培训主要在应急演练中进行。

3）自救与互救。通过培训，使事故现场的人员了解和掌握基本的安全疏散和逃生技术，以及学习一些必要的紧急救护技术，能及时抢救事故现场中有生命危险的被困人员，使其脱离险境或为进一步医疗抢救赢得时机。

4）初期火灾扑救。由于火灾的易发性和多发性，对火灾应急的培训显得尤为重要。要求应急人员必须掌握必要的灭火技术，以便在着火初期迅速灭火，降低或减小导致灾难性事故的危险，掌握灭火装置的识别、使用、保养、维修等基本技术。

5. 一般民众

由于各地区的社会、经济和自然环境等条件不同，居民的安全知识和防灾避险意识差异也很大。如果企业的事故会影响到周边的居民，更需要加强安全生产知识的宣传教育，使群众了解和掌握可能发生的事故和一旦发生事故后的应急措施，以及可能引发的次生灾害；了解有关避险方法及逃生技能等。同时，应与公安的"110"、消防的"119"等建立联动系统，保证一旦发生了险情，当地居民能立即报警，并知道怎样进行紧急疏散和撤离。

六、日常应急救援训练

应急救援训练是指应急救援队伍通过一定的方式获得或提高应急救援技能的专门活动，是专业应急队伍实施应急培训的重要实操方法。应急救援训练是开展各种应急救援预案演练的基础性工作，经常性地开展应急救援训练应当成为应急救援队伍的一项重要日常工作。

（1）应急救援训练指导思想。应急救援训练的指导思想应以加强基础、突出重点、边练边战、逐步提高为原则。针对突发事故与应急救援工作的特点，从危险物品、事故特征和现有装备的实际出发，严格训练，严格要求，不断提高应急救援队伍的救援能力、迅速反应能力、机动能力和综合素质。

（2）应急救援训练基本任务。应急救援训练的基本任务是锻炼和提高队伍在突发事故情况下的快速抢险堵源、及时营救伤员、正确指导和帮助群众防护或撤离、有效消除危害后果、开展现场急救和伤员转送等应急救援技能和应急反应的综合素质，进而有效减低事故危害，减少事故损失。

（3）应急救援训练基本内容。应急训练的基本内容主要包括基础训练、专业训练、战术训练和自选课目训练 4 类：

1）基础训练。基础训练是应急队伍的基本训练内容之一，是确保完成各种应急救援任务的前提。基础训练主要是指队列训练、体能训练、防护装备和通信设备的使用训练等内容，训练的目的是应急人员具备良好的战斗意志和作风，熟练掌握个人防护装备的穿戴，以及通信设备的使用等。

2）专业训练。专业技术关系到应急队伍的实战水平，是顺利执行应急救援任务的关键，也是训练的重要内容，主要包括专业常识、堵源技术、抢运和洗消，以及现场急救等技术。通过训练，救援队伍应具备一定的救援专业技术，有效地发挥救援作用。

3）战术训练。战术训练是救援队伍综合训练的重要内容和各项专业技术的综合运用，提高救援队伍实践能力的必要措施，通过训练，使各级指挥员和救援人员具备良好的组织指挥能力和实际应变能力。

4）自选课目训练。自选课目训练可根据各自的实际情况，选择开展如防化、气象、侦险技术、综合演练等项目的训练，进一步提高救援队伍的救援水平。

在开展课目训练时，专职性救援队伍应以社会性救援需要为目标确定训练课目；而生产经营单位的兼职救援队伍应以本单位救援需要为主，兼顾社会救援的需要确定训练课目。

应急救援队伍的训练可采取自训与互训相结合、岗位训练与脱产训练相结合、分散训练与集中训练相结合等方法，在时间安排上应有明确的要求和规定。为保证训练效果，在应急救援训练前应制订训练计划，训练中应组织考核、验收和评比。

七、应急培训的要求

需要对企业所有员工进行应急知识的培训，应急预案中应规定每年每人应进行培训的时间和方式，定期进行培训考核。考核应由上级主管部门和企业的人事管理部门负责。学习和考核的情况应有记录，并作为企业考核管理的内容之一。

第二节 应急预案的演练

加强应急预案的演练是加强应急管理工作一项重要工作任务和内容。演练是政府和企事业单位提高应急准备工作水平的重要环节，也是检验、评价和提高应急救援能力的一个重要手段。演练对于增强应对突发重大事故应急救援的信心，提高应急救援人员的工作水平和熟练程度，进一步明确岗位和责任，提高各级应急预案响应的协调性，整体上提高应急反应能力具有重要意义。

一、应急预案演练的定义

应急预案演练是指来自多个机构、组织或群体的人员针对模拟的紧急情况，执行实际紧急事件发生时对应急预案中各自所承担任务的排练活动。

二、应急预案演练的目的

演练和训练有两个基本功能，就是培训和测试。训练在培训反应程序和强化个人技能方面提供有效帮助，主要目的在于测试应急管理系统的充分性，保证所有反应要素都能全面应对任何应急情况。应急预案演练的目的主要包括以下几个方面：

（1）检验预案。发现应急预案中存在的问题，提高应急预案的科学性、实用性和可操作性。

（2）锻炼队伍。熟悉应急预案，提高应急人员在紧急情况下妥善处置事故的能力。

（3）磨合机制。完善应急管理相关部门、单位和人员的工作职责，提高协调配合能力。

（4）宣传教育。普及应急管理和应急处置知识，提高参演和观摩人员风险防范意识和自救、互救能力。

（5）完善准备。完善应急管理和应急处置技术，补充应急装备和物资，提高其适用性和可靠性。

三、应急预案演练的原则

应急预案演练应符合以下原则：

（1）符合相关规定。按照国家相关法律、法规、标准及有关规定组织开展演练。

（2）切合企业实际。结合企业生产安全事故特点和可能发生的事故类型组织开展演练。

（3）注重能力提高。以提高指挥协调能力、应急处置能力为主要出发点组织开展演练。

（4）确保安全有序。在保证参演人员及设备设施安全的条件下组织开展演练。

四、应急预案演练的分类

（1）按组织形式划分，应急预案演练可分为桌面演练和实战演练：

1）桌面演练是指参演人员利用地图、沙盘、流程图、计算机模拟、视频会议等辅助手段，针对事先假定的演练情景，讨论和推演应急决策及现场处置的过程，从而促进相关人员掌握应急预案中所规定的职责和程序，提高指挥决策和协同配合能力。桌面演练通常在室内完成。

2）实战演练是指参演人员利用应急处置涉及的设备和物资，针对事先设置的突发事故情景及其后续的发展情景，通过实际决策、应急行动和操作，完成真实应急响应的过程，从而检验和提高相关人员的临场组织指挥、队伍调动、应急处置技能和后勤保障等应急能力。实战演练通常要在特定场所完成。

（2）按内容划分，应急预案演练可分为单项演练和综合演练：

1）单项演练是指涉及应急预案中特定应急响应功能或现场处置方案中一系列应急响应功能的演练活动，注重针对一个或少数几个参与单位（岗位）的特定环节和功能进行检验。

2）综合演练是指涉及应急预案中多项或全部应急响应功能的演练活动，注重对多个环节和功能进行检验，特别是对不同单位之间应急机制和联合应对能力的检验。

（3）按目的与作用划分，应急预案演练可分为检验性演练、示范性演练和研究性演练：

1）检验性演练是指为检验应急预案的可行性、应急准备的充分性、应急机制的协调性及相关人员的应急处置能力而组织的演练。

2）示范性演练是指为向观摩人员展示应急能力或提供示范教学，严格按照应急预案的规定开展的表演性演练。

3）研究性演练是指为研究和解决突发事故应急处置的难点问题，试验新方案、新技术、新装备而组织的演练。

不同类型的演练相互组合，可以形成单项桌面演练、综合桌面演练、单项实战演练、综合实战演练、示范性单项演练、示范性综合演练等。

五、企业应急预案演练的相关规定

《国家安全监管总局关于切实做好安全生产事故应急预案管理工作的通知》（安监总应急〔2007〕88 号）明确指出：各类生产经营单位应加强预案演练，及时完善预案，提高预案的实用性。要通过桌面推演、实战模拟演练等不同形式的预案演练，解决企业内各部门之间以及企业同地方政府有关部门的协同配合等问题，增强预案的科学性、可行性和针对性，提高快速反应能力、应急救援能力和协同作战能力。《生产安全事故应急预案管理办法》（2016 年国家安全生产监督管理总局令第 88 号修订）规定：各级安全生产监督管理部门应当定期组织应急预案演练，提高本部门、本地区生产安全事故应急处置能力。生产经营单位应当制定本单位的应急预案演练计划，根据本单位的事故预防重点，每年至少组织一次综合应急预案演练或者专项应急预案演练，每半年至少组织一次现场处置方案演练。应急预案演练结束后，应急预案演练组织单位应当对应急预案演练效果进行评估，撰写应急预案演练评估报告，分析存在的问题，并对应急预案提出修订意见。

第三节　应急预案演练的组织机构及职责

一、应急预案演练的组织机构

成立应急指挥小组，应急指挥小组下设抢险救援组、安全警戒组、医疗救护组、通信组、后勤保障组和善后处理组等专业组，如图 3—1 所示。根据演练规模大小，其组织机构可进行调整。

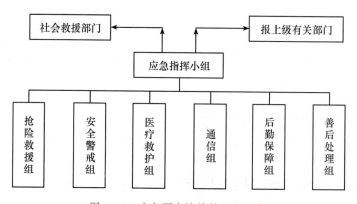

图 3—1　应急预案演练的组织机构

应急指挥小组由总指挥、副总指挥和指挥部成员构成，总指挥由企业总经理担任，副总指挥由总工程师担任。指挥部成员由企业副总经理、救援队长及相关上级领导担任。演练过程中应制定组织机构框图，注明姓名、职务，并悬挂于指挥部醒目位置，制作组织机构通信联络图，注明姓名、职务、固定电话、手机、家庭住址、家庭电话等信息。

二、应急预案演练的组织机构职责

1. 应急预案总指挥的职能及职责

（1）分析紧急状态，确定相应报警级别，根据相关危险类型、潜在后果、现有资源等，控制紧急情况的行动类型；

（2）指挥、协调应急反应行动；

（3）与企业外应急反应人员、部门、组织和机构进行联络；

（4）直接监察应急操作人员行动；

（5）最大限度地保证现场人员和外援人员及相关人员的安全；

（6）协调后勤方面以支援应急反应组织；

（7）应急反应组织的启动；

（8）应急评估、确定升高或降低应急警报级别；

（9）通报外部机构，决定请求外部援助；

（10）决定应急撤离，决定事故现场外影响区域的安全性。

2. 应急预案副总指挥的职能及职责

（1）协助应急总指挥组织和指挥应急操作任务；

（2）向应急总指挥提出采取的减缓事故后果行动的应急反应对策和建议；

（3）保持与事故现场副总指挥的直接联络；

（4）协调、组织和获取应急所需的其他资源、设备以支援现场的应急操作；

（5）组织企业总部的相关技术和管理人员对施工场区生产过程各危险源进行风险评估；

（6）定期检查各常设应急反应组织和部门的日常工作和应急反应准备状态；

（7）根据各工作场区的实际条件，与周边有条件的企业就事故应急处置的资源共享、相互帮助组建共同应急救援网络，并签订应急救援合作协议。

3. 现场抢救组的职能及职责

（1）抢救现场伤员；

（2）抢救现场物资；

（3）组建现场消防队；

（4）保证现场救援通道的畅通。

4. 安全警戒组的职能和职责

（1）执行指挥部命令；

（2）组织治安保卫力量到位；

（3）制定治安保卫措施；

（4）处理突发事故，完成治安保卫任务。

5. 医疗救护组的职能和职责

（1）执行指挥部命令；

（2）组织医疗救护力量到位，保证装备、设施、器材到位、完好；

（3）制定救护队行动方案及措施，指挥救护队行动；

（4）处置突发事故，完成救护任务。

6. 通信组的职能和职责

（1）执行党的路线、方针、政策及有关规定，坚持正确舆论导向；

（2）执行指挥部命令；

（3）及时、正确报道演练情况，做好宣传教育工作，提高职工安全意识；

（4）需要解说时安排解说人员；

（5）做好保密工作，完成宣传报道任务。

7. 技术处理组的职能和职责

（1）根据企业各工作场区的生产内容及特点，制定其可能出现而必须运用工程技术解决的应急反应方案，整理归档，为事故现场应急处置能够提供有效的工程技术服务做好技术储备；

（2）应急预案启动后，根据事故现场的特点，及时向应急总指挥提供科学的工程技术方案和技术支持，有效地指导应急反应行动中的工程技术工作。

8. 善后工作组的职能和职责

（1）做好伤亡人员及家属的稳定工作，确保事故发生后伤亡人员及家属思想能够稳定，大灾之后不发生大乱。

（2）做好受伤人员医疗救护的跟踪工作，协调处理与医疗救护单位的关系。

（3）与保险部门一起做好伤亡人员及财产损失的理赔工作。

（4）慰问有关伤员及家属。

9. 后勤保障组的职能及职责

（1）协助制订企业的应急救援物资的储备计划，按计划检查、监督应急救援物资的储备情况，建立应急救援物资档案；

（2）定期检查、监督、落实应急救援物资管理人员的到位和变更情况，及时调整应急救援物资的更新和达标；

（3）应急预案启动后，按应急总指挥的部署，有效地组织应急救援物资到达事故现场，并及时对事故现场进行增援，同时提供后勤服务。

第四节　应急预案演练的组织实施及总结

一、应急预案演练的准备

1. 制订演练计划

应急预案演练计划由文案组编制，经策划部审查后报演练领导小组批准，主要内容包括：

（1）确定演练目的。明确举办应急预案演练的原因、演练要解决的问题和期望达到的效果等。

（2）分析演练需求。在对事先设定事故的风险及应急预案进行认真分析的基础上，确定需调整的演练人员、需锻炼的技能、需检验的设备、需完善的应急处置流程和需进一步明确的职责等。

（3）确定演练范围。根据演练需求、经费、资源和时间等条件的限制，确定演练事故类型、等级、地域、参演机构及人数、演练方式等。演练需求和演练范围往往互为影响。

（4）安排演练准备与实施的日程计划，包括各种演练文件编写与审定的期限、物资器材准备的期限、演练实施的日期等。

（5）编制演练经费预算，明确演练经费筹措渠道。

2. 设计演练方案

应急预案演练方案由文案组编写，通过评审后由演练领导小组批准，必要时还需报有关主管单位同意并备案，主要内容包括：

（1）确定演练目标。演练目标是要完成的主要演练任务及其达到的效果，一般应说明"由谁在什么条件下完成什么任务，依据什么标准，取得什么效果？"演练目标应简单、具体、可量化、可实现。一次演练一般有若干项演练目标，每项演练目标都要在演练方案中有相应的事故和演练活动予以实现，并在演练评估中有相应的评估项目判断该目标的实现情况。

（2）设计演练情景与实施步骤。演练情景要为演练活动提供初始条件，还要通过一系列的情景事故引导演练活动继续，直至演练完成。演练情景包括演练场景概述和演练场景清单：

1）演练场景概述。要对每一处演练场景进行概要说明，主要说明事故类别、发生的时间、地点、发展速度、强度与危险性、受影响范围、人员和物资分布、已造成的损失、后续发展预测、气象及其他环境条件等。

2）演练场景清单。要明确演练过程中各场景的时间顺序并列表，以及空间分布情况。演练场景之间的逻辑关联依赖于事故发展规律、控制消息和演练人员收到控制消息后应采取的行动。

（3）设计评估标准与方法。演练评估是通过观察、体验和记录演练活动，比较演练实际效果与目标之间的差异，总结演练成效和不足的过程。演练评估应以演练目标为基础，每项演练目标都要设计合理的评估方法、标准。根据演练目标的不同，可以用选择项（如：是/否判断，多项选择等）、主观评分（如：1——差、3——合格、5——优秀）、定量测量（如：响应时间、被困人数、获救人数等）等方法进行评估。

为便于演练评估操作，通常事先设计好评估表格，包括演练目标、评估方法、评价标准和相关记录项等，有条件时还可以用专业评估软件等工具。

（4）编写演练方案文件。演练方案文件是指导演练实施的详细工作文件。根据演练类别和规模的不同，演练方案可以编为一个或多个文件。其中，多个文件方案可包括演练人员手册、演练控制指南、演练评估指南、演练宣传方案、演练脚本等，分别发给相关人员。对涉密应急预案的演练或不宜公开的演练内容，还要制定保密措施。

1）演练人员手册内容主要包括演练概述、组织机构、时间、地点、参演单位、演练目的、演练情景概述、演练现场标识、演练后勤保障、演练规则、安全注意事项、通信联系方式等，但不包括演练细节。演练人员手册可发放给所有参加演练的人员。

2）演练控制指南内容主要包括演练情景概述、演练事件清单、演练场景说明等，以及参演人员及其位置、演练控制规则、控制人员组织结构与职责、通信联系方式等。演练控制指南主要供演练控制人员使用。

3）演练评估指南内容主要包括演练情景概述、演练事件清单、演练目标等，以及演练场景说明、参演人员及其位置、评估人员组织结构与职责、评估人员位置、评估表格及相关工具、通信联系方式等。演练评估指南主要供演练评估人员使用。

4）演练宣传方案内容主要包括宣传目标、宣传方式、传播途径、主要任务及分工、技术支持、通信联系方式等。

5）演练脚本。对于重大综合性示范演练，演练组织单位要编写演练脚本，描述演练的事故场景、处置行动、执行人员、指令与对白、视频背景与字幕、解说词等。

（5）演练方案评审。对综合性较强、风险较大的应急演练，评估组要对文案组编写的演练方案进行评审，确保演练方案科学可行，以确保应急演练工作的顺利进行。

3. 演练动员与培训

在演练开始前要进行演练动员和培训，确保所有演练参与人员掌握演练规则、演练情景和各自在演练中的任务。所有演练参与人员都要经过应急基本知识、演练基本概念、演练现场规则等方面的培训；对控制人员要进行岗位职责、演练过程控制和治理等方面的培训；对评估人员要进行岗位职责、演练评估方法、工具使用等方面的培训；对参演人员要进行应急预案、应急技能及个体防护装备使用等方面的培训。

4. 演练保障

（1）人员保障。演练参与人员一般包括演练领导小组、演练总指挥、总策划、文案人员、控制人员、评估人员、保障人员、参演人员、模拟人员等，有时还会有观摩人员等其他人员。在演练的准备过程中，演练组织单位和参与单位应合理安排工作，保证相关人员参与演练活动的时间。通过组织观摩学习和培训，提高演练人员的素质和技能。

（2）经费保障。演练组织单位每年要根据应急演练规划编制应急演练经费预算，纳入该单位的年度财政（财务）预算，并按照演练需要及时拨付经费，对经费使用情况进行监督检查，确保演练经费专款专用、节约高效。

（3）场地保障。根据演练方式和内容，经现场勘察后选择合适的演练场地。桌面演练一般可选择会议室或应急指挥中心等；实战演练应选择与实际情况相似的地点，并根据需要设置指挥部、集结点、接待站、供应站、救护站、停车场等设施。演练场地应有足够的空间，以及良好的交通、生活、卫生和安全条件，尽量避免干扰公众生产生活。

（4）物资和器材保障。根据需要，准备必要的演练材料、物资和器材，制作必要的模型设施等。

1）信息材料。主要包括应急预案和演练方案的纸质文本、演示文档、图表、地图、软件等。

2）物资设备。主要包括各种应急抢险物资、特种装备、办公设备、录音摄像设备、信息显示设备等。

3）通信器材。主要包括固定电话、移动电话、对讲机、海事电话、传真机、计算机、无线局域网、视频通信器材和其他配套器材等，尽可能使用已有的通信器材。

4）演练情景模型。搭建必要的模拟场景及装置、设施。

（5）通信保障。应急预案演练过程中的应急指挥机构、总策划、控制人员、参演人员、模拟人员等之间要有及时可靠的信息传递渠道。根据演练需要，可以采用多种公用或专用通信系统，必要时可组建演练专用通信与信息网络，确保演练控制信息的快速传递。

（6）安全保障。演练组织单位要高度重视演练组织与实施全过程的安全保障工作。大型或高风险演练活动要按规定制定专门应急预案，采取预防措施，并对关键部位和环节可能出现的突发事故进行有针对性的演练。根据需要为演练人员配备个体防护装备，购买商业保险。对可能影响公众生活、易于引起公众误解和恐慌的应急演练，应提前向社会发布公告，告示演练内容、时间、地点和组织单位，并做好应对方案，避免造成负面影响。

演练现场要有必要的安保措施，必要时对演练现场进行封闭或管制，保证演练安全进行。演练出现意外情况时，演练总指挥应与其他领导小组成员会商后可提前终止演练。

二、应急预案演练的实施

1. 演练启动

演练正式启动前一般要举行简短仪式，由演练总指挥宣布演练开始并启动演练活动。

2. 演练执行

（1）演练指挥与行动：

1）演练总指挥负责演练实施全过程的指挥控制。当演练总指挥不兼任总策划时，一般由总指挥授权总策划对演练过程进行控制。

2）按照演练方案要求，应急指挥机构指挥各参演队伍和人员，开展对模拟演练事故的应急处置行动，完成各项演练活动。

3）演练控制人员应充分掌握演练方案，按总策划的要求，熟练发布控制信息，协调参演人员完成各项演练任务。

4）参演人员根据控制消息和指令，按照演练方案规定的程序开展应急处置行动，完成各项演练活动。

5）模拟人员按照演练方案要求、模拟未参加演练的单位或人员的行动，并做出信息反馈。

（2）演练过程控制。总策划负责按演练方案控制演练过程。

1）桌面演练过程控制。在讨论式桌面演练中，演练活动主要是围绕对所提出的问题进行讨论，由总策划以口头或书面形式，部署引入一个或若干个问题。参演人员根据应急预案及有关规定，讨论应采取的行动。

在角色扮演或推演式桌面演练中，由总策划按照演练方案发出控制消息。参演人员接收到事故信息后，通过角色扮演或模拟操作，完成应急处置活动。

2）实战演练过程控制。在实战演练中，要通过传递控制消息来控制演练进程：由总策划按照演练方案发出控制消息；控制人员向参演人员和模拟人员传递控制消息；参演人员和模拟人员接收到信息后，按照发生真实事故时的应急处置程序，或根据应急行动方案，采取相应的应急处置行动。控制消息可由人工传递，也可以用对讲机、电话、手机、传真机、网络等方式传送，或者通过特定的声音、标志、视频等呈现。演练过程中，控制人员应随时掌握演练进展情况，并向总策划报告演练中出现的各种问题。

（3）演练解说。在演练实施过程中，演练组织单位可以安排专人对演练过程进行解说，内容一般包括演练背景描述、进程讲解、案例介绍、环境渲染等。对于有演练脚本的大型综合性示范演练，可按照脚本中的解说词进行讲解。

（4）演练记录。演练实施过程中，一般要安排专门人员，采用文字、照片和音像等手段记录演练过程。文字记录一般可由评估人员完成，主要包括演练实际开始与结束时间、演练过程控制情况、各项演练活动中参演人员的表现、意外情况及其处置等内容，尤其要详细记录可能出现的人员"伤亡"（如进入"危险"场所而无安全防护，在规定的时间内不能完成疏散等）及财产"损失"等情况。照片和音像记录可安排专业人员和宣传人员在不同现场、不同角度进行拍摄，尽可能全方位地反映演练实施过程。

（5）演练宣传报道。演练宣传组按照演练宣传方案做好演练宣传报道工作，认真做好信息采集、媒体组织、广播电视节目现场采编和播报等工作，扩大演练的宣传教育效果。对涉密应急演练要做好相关保密工作。

3. 演练结束与终止

演练完毕，由总策划发出结束信号，演练总指挥宣布演练结束。演练结束后所有人员停止演练活动，按预定方案集合进行现场总结讲评或者组织疏散。后勤保障组负责组织人员对演练场地进行清理和恢复。

演练实施过程中如出现下列情况，经演练领导小组决定，由演练总指挥按照事先规定的程序和指令终止演练：

（1）出现真实突发事故，需要参演人员参与应急处置时，要终止演练，使参演人员迅速回归其工作岗位，履行应急处置职责。

（2）出现特殊或意外情况，短时间内不能妥善处理或解决时，可提前终止演练。

三、应急预案演练评估与总结

1. 演练评估

演练评估是在全面分析演练记录及相关资料的基础上，对比参演人员表现与演练目标要求，对演练活动及其组织过程做出客观评价，并编写演练评估报告的过程。所有应急演练活动都应进行演练评估。

　　演练结束后可通过组织评估会议、填写演练评价表和对参演人员进行访谈等方式，也可要求参演单位提供自我评估总结材料，进一步收集演练组织实施的情况。

　　演练评估报告的主要内容一般包括演练执行情况、预案的合理性与可操作性、应急指挥人员的指挥协调能力、参演人员的处置能力、演练所用设备装备的适用性、演练目标的实现情况、演练的成本效益分析、对完善预案的建议等。

2. 演练总结

　　演练总结可分为现场总结和事后总结：

　　（1）现场总结。在演练的一个或所有阶段结束后，由演练总指挥、总策划、专家评估组长等在演练现场有针对性地进行讲评和总结，内容主要包括本阶段的演练目标、参演队伍及人员的表现、演练中暴露的问题、解决问题的办法等。

　　（2）事后总结。在演练结束后，由文案组根据演练记录、演练评估报告、应急预案、现场总结等材料，对演练进行系统和全面的总结，并形成演练总结报告。演练参与单位也可对本单位的演练情况进行总结。

　　事后演练总结报告的内容包括：演练目的，时间和地点，参演单位和人员，演练方案概要，发现的问题与原因，经验和教训，以及改进有关工作的建议等。

3. 成果运用

　　对演练中暴露出来的问题，演练单位应当及时采取措施予以改进，包括修改完善应急预案、有针对性地加强应急人员的教育和培训、对应急物资装备有计划地更新等，并建立改进任务表，按规定时间对改进情况进行监督检查。

4. 文件归档与备案

　　演练组织单位在演练结束后应将演练计划、演练方案、演练评估报告、演练总结报告等资料归档保存。对于由上级有关部门布置或参与组织的演练，或者法律、法规、规章要求备案的演练，演练组织单位应当将相关资料报有关部门备案。

5. 考核与奖惩

　　演练组织单位要注重对演练参与单位及人员进行考核。对在演练中表现突出的单位及个人，可给予表彰和奖励；对不按要求参加演练，或影响演练正常开展的，可给予相应批评。

第四章　典型生产安全事故现场应急处置

　　生产安全事故现场应急处置包括许多环节，对事故现场控制和安排是其中很重要的一个环节，也是应急管理工作中内容最复杂、任务最繁重的部分，现场控制和安排在一定程度上决定了应急处置的效率与质量。

　　对发生事故的现场进行处置，要临危不惧，要把握好应遵循的原则，采取科学的处置方法，根据既定的应急救援预案，按照科学规范的响应程序和处置要求，充分运用应急指挥、应急队伍、应急装备等各种应急资源，对事故现场进行抢险救灾。力争做到有效控制事故的发展，避免事故的扩大和恶化，并最终将事故成功处置，从而大大减轻事故对人员、财产、环境造成的危害。

　　企业是安全生产责任主体。各类企业要严格按照相关法律、法规和标准规范，建立事故应急救援队伍，完善应急物资储备，制定预案和现场处置措施，做到安全投入到位、安全培训到位、基础管理到位、紧密结合实际，开展应急演练，不断提高应急处置能力。事故发生后企业应做好先期处置、抢救人员、控制危险源，杜绝盲目施救，防止事态扩大；要明确并落实生产现场带班人员、班组长和调度人员事故现场直接处置权和指挥权，在遇到险情或事故征兆时立即下达停产撤人命令，组织现场人员及时、有序地撤离到安全地点，减少人员伤亡。要依法依规及时、如实向当地安全生产监管监察部门和负有安全生产监督管理职责的有关部门报告事故情况，不得瞒报、谎报、迟报、漏报，不得故意破坏事故现场、毁灭证据。

第一节 事故现场应急处置的基本内容

一、事故现场应急处置原则

1. 快速反应原则

任何生产安全事故都具有突发性、连带性和不确定性等特点，这些特点决定了在现场处置过程中任何时间上的延误都有可能加大应急处置工作的难度，以至于使事故的损失扩大，引发更为严重的后果。因此，在事故现场应急处置过程中必须坚持做到快速反应，力争在最短的时间内到达现场、控制事态、减少损失，以最高的效率与最快的速度救助受害人，并为尽快地恢复正常的工作秩序、生活秩序、社会秩序创造条件。

现场处置快速反应并没有一个现成的模式，一方面要遵循事故处置的一般原则，另一方面也需要根据事故的性质与所影响的范围灵活掌握、灵活处理。有的事故在爆发的瞬间就已结束，没有继续蔓延的条件，但大多数事故在救援和处置过程中可能还会继续蔓延扩大，如果处置不及时，很可能带来灾难性的后果，甚至引发其他灾害事故。事故现场控制的作用，首先体现在防止事故继续蔓延扩大方面。因此，必须在事故发生的第一时间内做出反应，以最快的速度和最高的效率进行现场控制。因此，快速反应原则是事故现场应急处置中的首要原则。

2. 救助原则

大量的生产安全事故案例研究表明，造成事故严重后果的原因就是反应不及时，受害人不能得到及时救助。在提倡以人为本的现代社会，应急处置的首要目标是人员的安全，救助原则与快速反应原则的本质要求就是减少人员的伤亡。

每当生产安全事故发生时，就会产生数量和范围不确定的受害者。受害者的范围不仅包括事故中的直接受害人，甚至还包括直接受害人的亲属、朋友以及周围其他利益相关的人员。受害人所需要的救助往往是多方面的，这不仅体现在生理上，很多时候也体现在心理和精神层面上。例如，火灾、爆炸等生产安全事故的现场往往会有大量的伤亡人员（直接受害者），他们承受着生理和心理上的双重打击；同时，生产安全事故的幸存者和亲历者虽然没有明显的心理创伤，但也会产生各种各样的负面心理反应。因此，生产安全事故应急处置的部门和人员在进行现场控制的同时应立即展开对受害者的救助，及时抢救护送危重伤员、救援受困群众、妥善安置死亡人员、安抚在精神与心理上受到严重冲击的受害人员。

3. 人员疏散原则

在大多数生产安全事故应急处置的现场控制与安排中，把处于危险境地的受害者尽快疏散到安全地带，避免出现更大伤亡的灾难性后果，是一项极其重要工作。在很多伤亡惨重的生产安全事故中，没有及时进行人员安全疏散是造成群死群伤的主要原因。

无论是自然灾害还是人为的事故，或者其他类型的灾难性事故，在决定是否疏散人员的过程中，需要考虑的因素一般有：

（1）是否可能对群众的生命和健康造成危害，特别是要考虑到是否存在潜在危险性；

（2）事故的危害范围是否会扩大或者蔓延；

（3）是否会对环境造成破坏性的影响。

4. 保护现场原则

按照一般的程序，生产安全事故的现场应急处置工作结束之后，或在应急处置过程的适当时机，调查工作就需要介入，以分析事故的原因与性质，发现、收集有关的证据，确定事故的责任者。在应急处置过程中，特别是对现场的控制做出安排时，一定要考虑到对现场进行有效的保护，以便于日后开展调查工作。在实践中容易出现的问题是应急人员的注意力都集中在救助伤亡人员，或防止事故的蔓延扩大上，而忽略了对现场与证据的保护，结果在事后发现需要收集证据时，现场已遭到破坏，给调查工作带来被动。因此，必须在进行现场控制的整个过程中，把保护现场作为工作原则贯穿始终。虽然对事故的应急处置与调查处理是不同的环节与过程，但在实际工作中绝没有明确的界限，不能把两者截然分开。

5. 保护应急参与人员安全的原则

要保证应急参与人员的安全，现场的应急指挥人员在指导思想上也应当充分地权衡各种利弊，使现场应急的决策科学化与最优化，避免付出不必要的人员牺牲代价。

二、事故现场应急处置工作内容

根据《生产经营单位生产安全事故应急预案编制导则》（GB/T 29639—2013）规定，应急处置主要包括以下内容：

（1）事故应急处置程序。根据可能发生的事故类型及现场情况，明确事故报警、各项应急措施启动、应急救护人员的引导、事故扩大及同企业应急预案的衔接程序。

（2）现场应急处置措施。针对可能发生的火灾、爆炸、危险化学品泄漏、坍塌、水患、机动车辆伤害等，从操作措施、工艺流程、现场处置、事故控制、人员救护、消防、现场恢复等方面制定明确的应急处置措施。

（3）报警电话及上级管理部门、相关应急救援单位联络方式和联系人员，事故报告的基本要求和内容。

三、事故现场控制的基本方法

在应急救援的现场处置过程中，对现场的控制是必不可少的，要做出一系列的应急安排，以防止生产安全事故的进一步蔓延扩大，把人员伤亡与财产损失减少到最低。但由于事故发生的时间、环境、地点不同，事故类型、影响范围、损害程度也不尽相同，进而其所需要的控制手段包括应急资源也不相同。这些差别决定了在不同的事故现场应该采取不同的控制方法。事故现场控制的一般方法可分为以下几种：

1. 警戒线控制法

警戒线控制法是由参加现场处置工作的人员对需要保护的重大或者特别重大事故现场组织实施，防止非应急处置人员与其他无关人员随意进出，干扰应急行动的特别保护方法。在重特大事故现场或其他相关场所，根据不同情况或需要，应安排公安机关或企业安全保卫人员，实施警戒保护。对应急现场，应从其核心现场开始，向外设置多层警戒。

事故现场设置警戒线，一方面是为了保证处置工作的顺利进出上有一种安全感，同时避免外来的未知因素对现场的安全构成威胁，以避免现场可能存在的各种危险源危及周围无关人员的安全。应急警戒范围，应坚持宜大不宜小，保留必要的警戒冗余度以阻止现场大规模无序流动。

2. 区域控制法

在有些生产安全事故的应急处置过程中，可能点多面广，需要处置的问题较多，处置工作必然存在优先安排的顺序问题。也可能由于环境等因素的影响，对某些局部区域采取不同的控制措施，控制进入现场的人员数量。区域控制在不破坏事故现场的前提下，在现场外围对整个应急现场环境进行总体观察，确定重点区域、重点地带、危险区域、危险地带。一般遵循的原则是，先重点区域，后一般区域；先危险区域，后安全区域；先外后内域，后中心区域。具体实施区域控制时，一般应当在现场专业处置人员的指导下进行，由事发单位或事发地的公安机关指派专门人员具体实施；对于重特大事故应急现场，还应当由公安机关直接实施区域控制。

3. 遮盖控制法

遮盖控制法实际上是保护现场与现场证据的一种方法。在应急处置现场，有些物证的时效性要求往往比较高，天气变化因素可能会影响取证的真实性；有时由于现场比较复杂，破坏比较严重，再加上应急处置人员不足，不能立即对现场进行勘查、处置，因此需要用其他物品对重要现场、重要证据、重要区域进行遮盖，以利于后续工作的开展。遮盖物一般多采用干净的塑料布、帆布、草席等物品，起到防风、防雨、防日晒以及防止无关人员随意触动的作用。应当注意的是，除非万不得已，一般尽量不要使用遮盖控制法，防止遮盖物污染某些微量物证，影响取证以及后续的化学、物理分析结果。

4. 以物围圈控制法

为了维持现场处置的正常秩序，防止现场重要物证被破坏以及危害扩大，可以用其他物体对现场中心地带周围进行围圈。一般来讲，可以使用一些不污染环境的阻燃阻爆的物体。如果现场比较复杂，还可以采用分区域、分地段的方式进行。

5. 定位控制法

有些事故现场由于死伤人员较多，物体变动较大，物证分布范围广，采取上述几种现场控制方法，可能会给事发地的正常生活和工作秩序带来一定负面影响，这就需要对现场特定死伤人员、特定物体、特定物证、特定方位、特定建筑等采取定点标注的控制方法，使现场处置有关人员对整体事故现场能够一目了然，做到定量和定性相结合，有利于下一步工作的开展。定位控制一般可以根据现场大小、破坏程度等情况，首先按区域、方位对现场进行区域划分，可以有形划分，可以无形划分，如长条形、矩形、圆形、螺旋形等形式；然后每一划分区域指派现场处置人员，用色彩鲜艳的小旗对死伤人员、重要物体、重要物证、重要痕迹进行标注。最后，根据现场应急处置需要，在此基础上开展下一步的工作。

四、事故现场应急处置过程

在事故现场抢险中，尽管由于发生事故的单位、地点、化学介质的不同，抢险程序会存在差异，但一般都是由接报、调集抢险力量和事故现场处置等步骤组成。其中事故现场处置一般按照设点、询情和侦查、隔离、疏散、防护、现场急救等步骤进行。

1. 现场设点

现场设点指各救援队伍进入事故现场，选择有利地形（地点）设置现场救援指挥部或救援、急救医疗点。

各救援点的位置选择关系到能否有序地开展救援和保护自身的安全。救援指挥部、救援和医疗急救点的设置应考虑以下几项因素：

（1）地点。应选在上风向的非污染区域，需注意不要远离事故现场，便于指挥和救援工作的实施。

（2）位置。各救援队伍应尽可能在靠近现场救援指挥部的地方设点并随时保持与指挥部的联系。

（3）路段。应选择交通路口，利于救援人员或转送伤员的车辆通行。

（4）条件。指挥部、救援或急救医疗点，可设在室内或室外，应便于人员行动或伤员的抢救，同时要尽可能利用原有通信、水和电等资源，有利于救援工作的实施。

（5）标志。指挥部、救援或医疗急救点，均应设置醒目的标志，方便救援人员和伤员识别。悬挂的旗帜应用轻质面料制作，以便救援人员随时掌握现场风向。

2. 询情和侦检

采取现场询问和现场侦查的方法，充分了解和掌握事故的具体情况、危险范围、潜在险情（如爆炸、中毒等）。

侦检是危险物质事故抢险处置的首要环节。侦检是指利用检测仪器检测事故现场危险物质的浓度、强度以及扩散、影响范围，并做好动态监测。根据事故情况不同，可以派出若干侦查小组，对事故现场进行侦查，每个侦查小组至少应有 2 人。

3. 隔离与疏散

（1）建立警戒区域。事故发生后，应根据所涉及的范围建立警戒区，并在通往事故现场的主要干道上实行交通管制。建立警戒区时注意事项如下：

1）警戒区域的边界应设警示标志，并有专人警戒；

2）除消防、应急处置人员以及必须坚守岗位的工作人员外，其他人员禁止进入警戒区；

3）泄漏溢出的化学品为易燃物品时，区域内应禁火种。

（2）紧急疏散。迅速将警戒区及污染区内与事故应急处置无关的人员撤离，以减少不必要的人员伤亡。紧急疏散应注意的事项如下：

1）如事故物质有毒时，需要佩戴个体防护用品或采用简易有效的防护措施，并有相应的监护措施；

2）应向侧上风方向转移，明确专人引导和护送疏散人员到达安全区，并在疏散或撤离的路线上设立哨位，指明方向；

3）不要在低洼处滞留；

4）要查清是否有人留在污染区或着火区。

4. 防护

根据事故泄漏或产生物质的危害性及划定的危险区域，确定相应的防护等级，并根据防护等级按标准配备相应的防护器具。

5. 现场急救

在事故现场，危险化学品等危险、有害因素对人体可能造成的伤害有中毒、窒息、冻伤、化学灼伤、烧伤等。进行急救时，不论伤者还是救援人员都需要进行适当的防护。

第二节　火灾事故现场应急处置

应急人员到达火灾事故现场后必须尽快成立指挥部，进行信息收集和事故评价，在"以人为本、安全第一、生命至上"的前提下，做出正确决策，研究制定灭火方案，做出快速反应。

根据实际情况可以将现场处置分为灭火、控制火灾、安全撤离 3 种情况。有些火灾之所以称为典型火灾，是因为它具有以下特征：

（1）在火灾的发生过程中，人的行为起到了决定性作用；

（2）起火源和起火物的种类特殊；

（3）起火特征和现场特征明显；

（4）火灾发生的场所特殊；

（5）火灾的原因特殊。

一、火灾事故现场应急处置总要求

（1）先控制，后灭火。针对火灾事故的起火源性质、燃烧面积等现场火情，进行侦查分析，做到针对特点、统一指挥、以快治快、堵截火势、防止蔓延、重点突破、排除险情、分割包围、速战速决。

（2）扑救人员应占领上风或侧风位置，以免遭受有毒有害气体的侵害。

（3）进行火情侦查、火灾扑救及火场疏散人员应有针对性地采取自我保护措施。

（4）应迅速查明燃烧范围、燃烧物品及其周围物品的品名和主要危险特性、火势蔓延的主要途径。

（5）正确选择最适宜的灭火剂和灭火方法。火势较大时，应先堵截火势蔓延，控制燃烧范围，然后逐步扑灭火势。

（6）对有可能发生爆炸、爆裂喷溅等特别危险需紧急撤退的情况，应按照统一的撤退信号和撤退方法，及时撤退。

二、火灾的控制与扑灭技术

一旦发生火灾时，现场每一个人都应清楚知道自己的职责，掌握有关报警、消防设施、人员疏散程序等内容。一定要审时度势，根据火情迅速作出判断，实施扑救和自救工作。应注意先切断电源和气源，同时要注意先转移火场及其附近的易燃、易爆危险品，实在无法转移的应当设法冷却降温。

一般火灾过程通常有 3 个阶段，即初起阶段、发展阶段和猛烈阶段。在火灾的初起阶段，火源面积较小，燃烧强度弱，易于扑救，可就近寻找灭火器自行扑救。灭火的基本方法就是为了破坏燃烧必备的基本条件所采取的措施。

1. 灭火方法

（1）冷却灭火法。对一般可燃物来说，能够持续燃烧的条件之一就是它们在火焰或热的作用下达到了各自的着火温度。因此，对一般可燃物火灾，将可燃物冷却到其燃点或闪点以下，燃烧反应就会中止。水的灭火机理主要是冷却作用。

（2）窒息灭火法。各种可燃物的燃烧都必须在其最低氧气浓度以上进行，否则燃烧不能持续进行。因此，通过降低燃烧物周围的氧气浓度可以起到灭火的作用。通常使用的二氧化碳、氮气、水蒸气等的灭火机理主要是利用其窒息作用。

（3）隔离灭火法。把可燃物与引火源或氧气隔离开来，燃烧反应就会自动中止。火灾中，关闭有关阀门，切断流向着火区的可燃气体和液体的通道；打开有关阀门，使已经发生燃烧的容器或受到火势威胁的容器中的液体可燃物通过管道导至安全区域，都是隔离灭火的措施。

（4）化学抑制灭火法。就是使用灭火剂与链式反应的中间体自由基反应，从而使燃烧的链式反应中断使燃烧不能持续进行。常用的干粉灭火剂、卤代烷灭火剂的主要灭火机理就是利用其化学抑制作用。

以上各种灭火方法，宜根据燃烧物质的性质、燃烧的特点和火场的具体情况选用，多数情况下，都是将几种灭火方法结合起来使用。

2. 灭火器的使用方法

火灾在初期燃烧范围小，火势弱，是用灭火器灭火的最佳时机。

因此，正确合理地使用灭火器灭火显得非常重要，灭火人员需掌握常用灭火器的使用方法。

（1）二氧化碳灭火器的使用方法。二氧化碳灭火器主要适用于各种易燃、可燃液体，可燃气体火灾，还可扑救仪器仪表、图书档案、工艺品和低压电器设备等的初起火灾。具体使用方法如图4—1所示。

在室外使用二氧化碳灭火器，应选择在上风向喷射。在室内窄小空间使用时，灭火后操作者应迅速离开，以防窒息。

（2）泡沫灭火器的使用方法。泡沫灭火器主要适用于扑救各种油类火灾，木材、纤维、橡胶等固体可燃物火灾。具体使用方法如图4—2所示。

（3）干粉灭火器的使用方法。干粉灭火器适用于扑救各种易燃、可燃液体和易燃、

①用右手握着压把。

②用右手提着灭火器到现场。

③除掉铅封。

④拔掉保险销。

⑤站在距火源 2 米的地方，左手拿着喇叭筒，右手用力压下压把。

⑥对着火焰根部喷射，并不断推前，直至把火焰扑灭。

图 4—1　二氧化碳灭火器使用方法

可燃气体火灾，以及电器设备火灾。具体使用方法如图 4—3 所示。

（4）灭火注意事项。上述几种常见灭火器的使用方法基本相同，扑救火灾时，应正确合理地选择并使用。

1）灭火器配置场所的火灾类别。根据灭火器配置场所的使用性质及可燃物的种类，可判断该场所可能发生哪种类型的火灾。如果选择不合适的灭火器，不仅有可能扑灭不了火灾，还可能引发灭火剂对燃烧的逆化学反应，甚至发生爆炸伤亡事故。

2）灭火的有效程度。在灭火机理相同的情况下，有几种类型的灭火器均适用于扑救同一种类的火灾。但值得注意的是，它们在灭火有效程度上有明显的差别，也就是说适用于扑救同一类火灾的不同类型灭火器，在灭火剂用量和灭火速度上有极大差异。如对同一个 B4（一种轻负荷柴油型号）标准油盘火灾，需用 7 公斤的二氧化碳才能灭火，而且速度较慢，如果换用 2 公斤干粉灭火器能灭 B5 油盘火灾。因此在选择灭火器时应充分考虑该因素。

3）对保护对象的污损程度。为了保护贵重物资与设备免受不必要的污渍损害，灭火器的选择应考虑其对保护物品的污损程度。例如在电子计算机房内，干粉灭火器和

①用手握着压把，左手托着灭火器底部，轻轻地取下灭火器。

②右手提着灭火器到达现场。

③右手捂住喷嘴，左手执筒底边缘。

④把灭火器颠倒过来呈垂直状态，用劲上下晃动几下，然后放开喷嘴。

⑤右手抓筒耳，左手抓筒底边缘，把喷嘴朝向燃烧区，站在离火源 8 米左右的地方喷射，并不断前进，围着火焰喷射，直至把火扑灭。

⑥灭火后，把灭火器卧放在地上，喷嘴朝下。

图 4—2　泡沫灭火器使用方法

卤代烷灭火器都能灭火。但是用干粉灭火器灭火后，残留的粉状覆盖物对计算机设备有一定的腐蚀作用和粉尘污染，而且难以做好清洁工作，而用卤代烷灭火器灭火，没有任何残迹，对设备没有污损和腐蚀作用，因此，电子计算机房选用卤代烷灭火器灭火比较适宜。

4）使用灭火器人员的素质。应先对使用人员的年龄、性别和身手敏捷程度等素质进行大概的分析估计，然后正确选择灭火器。如机械加工厂大部分是男工，从体力角度讲比较强，可选择规格大的灭火器；而商场，大部分是女营业员，体力较弱，可以优先选用小规格的灭火器，以适应工作人员的体质，有利于迅速扑灭初起火灾。

5）选择灭火剂相容的灭火器。在选择灭火器时，应考虑不同灭火剂之间可能产生的相互反应、污染及其对灭火的影响，干粉和干粉、干粉和泡沫等之间联用都存在一个相容性的问题。不相容的灭火剂之间可能发生相互作用，产生泡沫消失等不利因素，致使灭火效力明显降低。例如，磷酸铵盐干粉同碳酸氢钠干粉、碳酸氢钾干粉不能联

①右手握着压把，左手　　②右手提着灭　　③除掉铅封。
托着灭火器底部，轻轻地　火器到达现场。
取下灭火器。

④拔掉保险销。　　⑤左手握着喷管，　　⑥在距火焰2米的地方，右手用力压
　　　　　　　　　右手提着压把。　　下压把，左手拿着喷管左右摆动，喷射
　　　　　　　　　　　　　　　　　干粉覆盖整个燃烧区。

图4—3　干粉灭火器使用方法

用，碳酸氢钠（钾）干粉同蛋白（化学）泡沫也不能联用。

6）设置点的环境温度。若环境温度过低，则灭火器的喷射灭火性能显著降低；若环境温度过高，则灭火器的内压剧增，灭火器会有爆炸伤人的危险，这就要求灭火器应设置在灭火器适用温度范围之内的环境中。

7）在同一场所选用同一操作方法的灭火器。这样选择灭火器有几个优点：一是为培训灭火器使用人员提供方便；二是在灭火中操作人员可方便地采用同一种方法连续操作，使用多具灭火器灭火；三是便于灭火器的维修和保养。

三、初起火灾应急处置工作职责

发生火灾事故的班组及现场第一发现者是火警现场应急处置第一责任人，其职责是在第一时间实施现场应急处置，努力扑灭初起火灾。

当班班（组）长全面负责本班应急管理工作，承担第一时间报告火警的职责，落实第一时间灭火措施；在初起火灾无法控制时，组织本班组和现场人员疏散，确保现场灭火人员的人身安全；经常组织本班组人员学习灭火知识、提高灭火本领，切实做好现场人员的自救、互救和避灾工作。

班组成员在发现与本岗位相关的火灾事故预兆情况下，承担第一时间灭火，第一时间报告的责任；发生事故时，应听从现场应急指挥，做好自救和避险。班组成员有义务参加事故分析活动，要参加日常学习教育和安全检查活动，不断提升自身消防安全意识和灭火自救本领。

消防安全责任人、消防安全管理人员和员工要做到具备"四个能力"，即提高检查消除火灾隐患的能力、提高扑救初起火灾的能力、提高疏散逃生的能力、提高宣传教育培训的能力；掌握"四个熟悉"，即熟悉本单位疏散逃生路线、熟悉引导人员疏散程序、熟悉避难逃生设施的使用方法、熟悉火场逃生的基本技能。

消防安全责任人、消防安全管理人员和员工要做到"六个掌握"：掌握消防法律、法规和安全操作规程；掌握本单位、岗位火灾危险性和防火措施；掌握消防设施器材使用方法、掌握报警、灭火疏散逃生技能；掌握安全疏散路线及引导疏散的程序方法、掌握灭火应急疏散预案内容及操作程序；掌握员工上岗、转岗均应经岗位消防安全培训合格；掌握在岗人员每年进行一次消防安全教育培训。

第三节　有毒有害物质泄漏事故现场应急处置

危险化学品事故的发生多与泄漏有关，特别是流体危险化学品事故引发的直接祸根就是泄漏。当危险化学品介质从其储存的设备、输送的管道及盛装的器皿中外泄时，极易引发中毒、火灾、爆炸及环境污染事故。化工厂易燃、易爆或有毒气体的泄漏则严重地影响生产，甚至威胁到财产安全和员工的生命安全。

一、现场应急处置措施要点

（1）接到有毒有害气体泄漏事故报警后，必须携带足够的氧气、空气呼吸器及其他特种防毒器具，在救援的同时迅速查明毒源，划定警戒区和隔离区，采取防范二次伤害和次生、衍生伤害的措施。

（2）调查事故区和比邻区基本情况，明确保护目标和基本风险状况。包括居民区、医院、学校等环境敏感区情况，上、下风向等气象条件，其他相似隐患等。

（3）监测与扩散规律分析。根据污染物泄漏量，各点位污染物监测浓度值、扩散范围，当地气温、风向、风力和影响扩散的地形条件，建立动态预报模型，预测预报污染态势，以便采取各种应急措施。

（4）采取污染控制和消除措施。应急救援人员可与事故单位的专业技术人员密切配合，采用关闭阀门、修补容器和管道等方法，阻止有毒有害气体从管道、容器、设备的裂缝处继续外泄。同时对已泄漏出来的毒气必须及时进行洗消。

（5）注意事项。危险化学品泄漏的处置危险性大，难度也大，必须周密计划，精心组织，科学指挥，严密实施，确保万无一失。具体注意事项如下：

1）进入泄漏现场进行处置时，应注意人员的安全防护。进入现场救援人员必须配备必要的个人防护器具。

2）如果泄漏物是易燃、易爆介质，事故中心区域应严禁火种，切断电源，禁止车辆进入，同时立即在边界设置警戒线。根据事故情况和事故发展，确定事故波及区人员的撤离方案。

3）如果泄漏物是有毒介质，应使用专用防护服、隔离式空气呼吸器。根据不同介质和泄漏量确定夜间和日间疏散距离，立即在事故中心区边界设置警戒线。同样也要根据事故情况和事故发展，确定事故波及区人员的撤离方案。

4）应急处理时严禁单独行动，要有监护人，必要时用水枪、水炮掩护。

5）危险化学品泄漏后，除受过特别训练的人员外，其他任何人不得试图清除泄漏物。

二、泄漏的形式

泄漏是一种常见的现象，无处不在。泄漏所发生的部位是相当广泛的，几乎涉及所有的流体输送与储存的物体上。泄漏的形式及种类也是多种多样的，人们常说的漏气、漏水、漏油、漏酸、漏碱是泄漏；法兰漏、阀门漏、油箱漏、水箱漏、管道漏、三通漏、船漏、车漏也是泄漏。"跑冒滴漏"是人们对各种泄漏形式的一种通俗说法，

生产安全事故应急救援与自救

其实质就是泄漏，包括气体泄漏和液体泄漏。

1. 按泄漏的机理分类

（1）界面泄漏。是指在密封件（垫片、填料）表面和与其接触件的表面之间产生的一种泄漏。如法兰密封面与垫片材料之间产生的泄漏，阀门填料与阀杆之间产生的泄漏，密封填料与转轴或填料箱之间发生的泄漏等，都属于界面泄漏。

（2）渗透泄漏。是指介质通过密封件（垫片、填料）毛细管渗透出来。这种泄漏发生在致密性较差的植物纤维、动物纤维和化学纤维等材料制成的密封件上。

（3）破坏性泄漏。是指密封件由于急剧磨损、变形、变质、失效等因素，使泄漏间隙增大而造成的一种危险性泄漏。

2. 按泄漏量分类

（1）液体介质泄漏分为如下五级：

1）无泄漏。检测不出泄漏为准。

2）渗漏。一种轻微泄漏，表面有明显的介质渗漏痕迹，像渗出的汗水一样。擦掉痕迹，几分钟后又出现渗漏痕迹。

3）滴漏。介质泄漏呈水珠状，缓慢地滴下，擦掉痕迹，5分钟内会再次出现水珠状泄漏。

4）重漏。介质泄漏较重，连续呈水珠状流下或滴下，未达到流淌程度。

5）流淌。介质泄漏严重，介质喷涌不断，呈线状流淌。

（2）气态介质泄漏分为如下四级：

1）无泄漏。用小纸条或纤维检查呈静止状态，用肥皂水检查无气泡。

2）渗漏。用小纸条检查微微飘动，用肥皂水检查有气泡，用湿的石蕊试纸检验有变色痕迹，有色气态介质可见淡色烟气。

3）泄漏。用小纸条检查时呈飞舞状态，用肥皂水检查气泡成串，用湿的石蕊试纸测试马上变色，有色气体明显可见。

4）重漏。泄漏气体产生噪声，可听见。

3. 按泄漏的时间分类

（1）经常性泄漏。从安装运行或使用开始就发生的一种泄漏，主要是施工或安装和维修质量不佳等原因造成。

（2）间歇性泄漏。运转或使用一段时间后才发生的泄漏，时漏时停。这种泄漏是由于操作不稳，介质本身的变化，地下水位的高低，外界气温的变化等因素所致。

（3）突发性泄漏。突然产生的泄漏。这种泄漏是由于误操作、超压、超温所致，也与疲劳破损、腐蚀和冲蚀等因素有关。这是一种危害性很大的泄漏。

4. 按泄漏的密封部位分类

（1）静密封泄漏。无相对运动密封的一种泄漏，如法兰、螺母、箱体、卷口等接合面的泄漏。相对而言，这种泄漏比较好治理。

（2）动密封泄漏。有相对运动密封的一种泄漏，如旋转轴与轴座间、往复杆与填料间、动环与静环间等动密封的泄漏。这种泄漏较难治理。

（3）关闭件泄漏。关闭件（闸板、阀瓣、球体、旋塞、节流锥、滑块、柱塞等）与关闭座（阀座、旋塞体等）间的一种泄漏。这种密封形式不同于静密封和动密封，它具有截止、换向、节流、调节、减压、安全、止回、分离等作用，它是一种特殊的密封装置。这种泄漏很难治理。

（4）本体泄漏。壳体、管壁、阀体等材料自身产生的一种泄漏，如砂眼、裂缝等缺陷的泄漏。

在实际生产中也常按泄漏所发生的部位名称称呼，如法兰泄漏、阀门泄漏、管道泄漏、弯头泄漏、三通泄漏、四通泄漏、变径泄漏、填料泄漏、螺母泄漏、焊缝泄漏等。

5. 按泄漏的危害性分类

（1）不允许泄漏。是指用感觉和一般方法检查不出密封部位有泄漏现象的特殊工况，如极易燃、易爆、剧毒、放射性介质以及非常重要的部位，是不允许泄漏的。例如核电厂阀门要求使用几十年仍旧完好不漏。

（2）允许微漏。是指介质允许微漏而不产生危害的工况。

（3）允许泄漏。是指一定场合下的水和空气类介质的泄漏。

6. 按泄漏介质的流向分类

（1）向外泄漏。介质从内部往外部传质的一种现象。

（2）向内泄漏。外部的物质向受压体内部传质的一种现象。

（3）内部泄漏。密封系统内介质产生传质的一种现象，如阀门在密封系统中关闭后的泄漏等。内部泄漏难以发现和治理。

7. 按泄漏介质种类分类

如漏气、漏水、漏油、漏酸、漏碱、漏盐、漏物料等。

8. 按管道泄漏的部位分类

管道泄漏多发生在其连接件和管段上：连接法兰、连接螺母、阀门体及填料上发生的泄漏，属于管道连接件泄漏；而在管段上的泄漏，则多发生在焊口、流体转向的弯头、三通及腐蚀孔洞部位等处。

（1）管段泄漏。生产运行状态下的管道，由于其输送的流体介质的不断流动，在腐蚀、冲刷、振动等因素影响下，直管输送管段、异径管段、流体介质改变方向的弯头及三通处、管道的纵焊缝及环焊缝处是发生泄漏的主要部位。造成管段泄漏的原因较多，有人为的（选材不当、结构不合理、焊缝缺陷、防腐蚀措施不完善、安装质量欠佳等）和自然的（温度变化、地震、地质变迁、雷雨风暴、季节变化、非人为的破坏等）因素。

（2）焊缝缺陷引起的管道泄漏。无论是大型金属容器，还是长达数百公里的流体输送管道，都是通过焊接的方法连接起来的。通过焊接的方法，可以得到力学性能优良的焊接接头。但是，在焊接的过程中，由于人为的因素及其他自然因素的影响，在焊缝形成过程中难免存在着各种缺陷。焊缝上发生的泄漏现象相当大一部分是由焊接过程中所遗留下来的焊接缺陷所引起的。

三、泄漏控制技术

泄漏控制技术是指通过控制危险化学品的泄放和渗漏，从根本上消除危险化学品的进一步扩散和流淌的措施和方法。泄漏控制技术应遵循"处置泄漏，堵为先"的原则。当危险化学品泄漏时，如果能够采用带压密封技术来消除泄漏，那么就可降低甚至省略事故抢险中的隔离、疏散、现场洗消、火灾控制和废弃物处理等环节。

1. 关阀制漏法

管道发生泄漏，泄漏点如处在阀门之后且阀门尚未损坏，可采取关闭输送物料管道阀门、断绝物料源的措施制止泄漏。但在关闭管道阀门时，必须设开花或喷雾水枪掩护。

如果泄漏部位上游有可以关闭的阀门，应首先关闭该阀门；如果关掉一个阀门还不可靠时，可再关一个处于此阀上游的阀门，泄漏自然就会消除。如果反应器、换热容器发生泄漏，应考虑关掉进料阀。通过关闭有关的阀门、停止作业或通过采取改变工艺流程、物料走副线、局部停车、打循环、减负荷运行等方法控制泄漏源。如果泄漏点位于阀门的上游，即属于阀门前泄漏，这时应根据气象情况，从上风方向逼近泄漏点，实施带压堵漏。

2. 带压堵漏（带压密封技术）法

管道、阀门或容器发生泄漏时，且泄漏点处在阀门以前或阀门损坏，不能关阀制漏时，可使用各种针对性的堵漏器具和方法实施封堵泄漏口，控制泄漏。常见的堵漏方法如表 4—1 所示。堵漏抢险一定要在喷雾水枪、泡沫的掩护下进行，堵漏人员要少而精，以增加堵漏抢险的安全系数。

表 4—1   不同形式泄漏的堵漏方法

部位	泄漏形式	方法
罐体	砂眼	螺钉加黏合剂旋进堵漏
	缝隙	使用外封式堵漏袋、电磁式堵漏工具组、粘贴式堵漏密封胶（适用于高压）、潮湿绷带冷凝法或堵漏夹具、金属堵漏锥堵漏
	孔洞	使用各种木屑、堵漏夹具、粘贴式堵漏密封胶（适用于高压）、金属堵漏锥堵漏
	裂口	使用外封式堵漏袋、电磁式堵漏工具组、粘贴式堵漏密封胶（适用于高压）
管道	砂眼	螺钉加黏合剂旋进堵漏
	缝隙	使用外封式堵漏袋、电磁式堵漏工具组、粘贴式堵漏密封胶（适用于高压）、潮湿绷带冷凝法或堵漏夹具、金属堵漏锥堵漏
	孔洞	使用各种木屑、堵漏夹具、粘贴式堵漏密封胶（适用于高压）、金属堵漏锥堵漏
	裂口	使用外封式堵漏袋、电磁式堵漏工具组、粘贴式堵漏密封胶（适用于高压）
阀门	断裂	使用阀门堵漏工具组、注入式堵漏胶、堵漏夹具堵漏
法兰	连接处	使用专门法兰夹具、注入式堵漏胶堵漏

（1）调整消漏法。采用调整操作、调节密封件预紧力或调整零件间相对位置，是无须封堵的一种消除泄漏的方法。

（2）带压堵漏机械堵漏法：

1）支撑法。在管道外边设置支持架，借助工具和密封垫堵住泄漏处的方法称为支撑法。这种方法适用于较大管道的堵漏，是因无法在本体上固定而采用的一种方法。

2）顶压法。在管道上固定一螺杆直接或间接堵住设备和管道上的泄漏处的方法称为顶压法。这种方法适用于中低压管道上的砂眼、小洞等漏点的堵漏。

3）卡箍法。用卡箍（卡子）将密封垫卡死在泄漏处而达到治漏的方法称为卡箍法。

4）压盖法。用螺栓将密封垫和压盖紧压在孔洞内面或外面达到治漏的一种方法称为压盖法。这种方法适用于低压、便于操作的管道的堵漏。

5）打包法。用金属密闭腔包住泄漏处，内填充密封填料或在连接处垫有密封垫的方法称为打包法。

6）上罩法。用金属罩子盖住泄漏而达到堵漏的方法称为上罩法。

7）胀紧法。堵漏工具随流体入管道内，在内漏部位自动胀大堵住泄漏的方法称为胀紧法。这种方法较复杂，并配有自动控制机构，用于地下管道或一些难以从外面堵漏的场合。

8）加紧法。液压操纵加紧器夹持泄漏处，使其产生变形而致密，或使密封垫紧贴泄漏处而达到治漏的一种方法称为加紧法。这种方法适用于螺母连接处、管接头和管道其他部位的堵漏。

（3）塞孔堵漏法。采用挤瘪、堵塞的简单方法直接固定在泄漏孔洞内，从而达到止漏的一种方法。这种方法实际上是一种简单的机械堵漏法，它特别适用于砂眼和小孔等缺陷的堵漏上。常见的塞孔堵漏法如下：

1）捻缝法。用冲子挤压泄漏点周围金属本体而堵住泄漏的方法称为捻缝法。这种方法适用于合金钢、碳素钢及碳素钢焊缝。不适合于铸铁、合金钢焊缝等硬脆材料以及腐蚀严重而壁薄的本体。

2）塞楔法。用韧性大的金属、木头、塑料等材料制成的圆锥体楔或扁楔敲入泄漏的孔洞里而止漏的方法称为塞楔法。这种方法适用于压力不高的泄漏部位的堵漏。

3）螺塞法。在泄漏的孔洞里钻孔攻丝，然后上紧螺塞和密封垫治漏的方法称为螺塞法。这种方法适用于本体积厚而孔洞较大的部位的堵漏。

（4）带压堵漏焊补堵漏法。焊补方法是直接或间接地把泄漏处堵住的一种方法。这种方法适用于焊接性能好，介质温度较高的管道。它不适用于易燃、易爆的场合。常见带压堵漏焊补堵漏法如下：

1）直焊法。用焊条直接填焊在泄漏处而治漏的方法称为直焊法。这种方法主要适用于低压管道的堵漏。

2）间焊法。焊缝不直接参与堵漏，而只起着固定压盖和密封件作用的一种方法称为间焊法。间焊法适用于压力较大、泄漏面广，腐蚀性强、壁薄刚性小等部位的堵漏。

3）焊包法。把泄漏处包焊在金属腔内而达到治漏的一种方法称为焊包法。这种方法主要适用于法兰、螺母处，以及阀门和管道部位的堵漏。

4）焊罩法。用罩体金属盖在泄漏部位上，采用焊接固定后得以治漏的方法。这种方法适用于较大缺陷的堵漏部位，如果必要，可在罩上设置引流装置。

5）逆焊法。利用焊缝收缩的原理，将泄漏裂缝分段逆向逐一焊补，使其裂缝收缩不漏有利焊道形成的堵漏方法简称逆焊法，也叫作分段逆向焊法。这种方法适用于低中压管道的堵漏。

（5）带压粘补堵漏法。是指利用胶粘剂直接或间接堵住管道上泄漏处的方法。这种方法适用于不宜动火以及其他方法难以堵漏的部位。胶粘剂堵漏的温度和压力与它的性能、填料及固定形式等因素有关，一般耐温性能较差。常见带压粘补堵漏法如下：

1）粘堵法。用胶粘剂直接填补泄漏处或涂敷在螺纹处进行粘接堵漏的方法，称为粘接法。这种方法适用于压力不高或真空管道上的堵漏。

2）粘贴法。用胶粘剂涂敷的膜、带和薄软板压贴在泄漏部位而治漏的方法，称为粘贴法。这种方法适用于真空管道和压力很低的部位的堵漏。

3）粘压法。用顶、压等方法把零件、板料、钉类、楔塞与胶粘剂堵住泄漏处，或让胶粘剂固化后拆卸顶压工具的堵漏方法。这种方法适用于各种黏堵部位，其应用范围受到温度和固化时间的限制。

4）缠绕法。用胶粘剂涂敷在泄漏部位和缠绕带上而堵住泄漏的方法，称为缠绕法。此方法可用钢带、铁丝加强。它适用于管道的堵漏，特别是松散组织、腐蚀严重的部位。

（6）带压胶堵密封法。使用密封胶（广义）堵在泄漏处而形成一层新的密封层的方法。这种方法效果明显，适用面广，可用于管道的内外堵漏，适用于高压高温、易燃易爆部位。常见带压胶堵密封法如下：

1）渗透法。用稀释的密封胶液混入介质中或涂敷表面，借用介质压力或外加压力将其渗透到泄漏部位，达到阻漏效果的方法称为渗透法。这种方法适用于砂眼、松松组织、夹渣、裂缝等部位的内处堵漏。

2）内涂法。将密封机构放入管内移动，能自动地向漏处射出密封剂的方法称为内涂法。这种方法复杂，适用于地下、水下管道等难以从外面堵漏的部位。因为是内涂，所以效果较好，无须夹具。

3）外涂法。用厌氧密封胶、液体密封胶外涂在缝隙、螺母、孔洞处密封而止漏的方法称为外涂法。也可用螺帽、玻璃纤维布等物固定，适用于在压力不高的场合或真空管道的堵漏。

4）强注法。在泄漏处预制密封腔或泄漏处本身具备密封腔，将密封胶料强力注入密封腔内，并迅速固化成新的填料而堵住泄漏部位的方法称为强注法。此方法适用于难以堵漏的高压高温、易燃易爆等部位。

（7）带压换密封法（改道法）。在管道或设备上用接管机带压接出一段新管线代替泄漏的、腐蚀严重的、堵塞的旧管线，这种方法称为改道法。此法多用于低压管道。

（8）其他带压堵漏法：

1）磁压法。利用磁钢的磁力将置于泄漏处的密封胶、胶粘剂、垫片压紧而堵漏的方法称为磁压法。这种方法适用于表面平坦、压力不大的砂眼、夹渣、松松组织等部位的堵漏。

2）冷冻法。在泄漏处适当降低温度，致使泄漏处内外的介质冻结成固体而堵住泄漏的方法称为冷冻法。这种方法适用于低压状态下的水溶液以及油介质。

3）凝固法。利用压入管道中某些物质或利用介质本身，从泄漏处漏出后，遇到空气或某些物质即能凝固而堵住泄漏的一种方法称为凝固法。某些热介质泄漏后析出晶体或成固体能起到堵漏的作用，同属凝固法的范畴。这种方法适用于低压介质的泄漏。如适当制作收集泄漏介质的密封腔，效果会更好。

（9）综合治漏法。综合以上各种方法，根据工况条件、加工能力、现场情况、合理地组合上述两种或多种堵漏方法称作综合性治漏法。如：先塞楔子，后粘接，最后由机械固定；先焊固定架、后用密封胶，最后机械顶压等。

3. 倒罐法

如果采用上述的堵漏方法不能制止储罐、容器或装置泄漏时，可采用疏导的方法，通过输转设备和管道将泄漏内部的液体从事故储运装置倒入安全装置或容器内，以消除泄漏源，控制险情。常用的倒灌方法如下：

（1）压缩机倒罐。利用压缩机倒罐就是将两装置液相管接通，事故装置的气相管接到压缩机出口管路上，将安全装置的气相管路接到压缩机的入口管路上，用压缩机来抽吸安全装置的气相压力，经压缩送入事故装置，这样在两装置之间压力差的作用下，危险化学品便由事故装置倒入安全装置。

压缩机倒罐技术的优点是效率高、速度快。缺点是压力的增大会增加事故罐的泄漏量。在寒冷地区，例如液化石油气的饱和蒸气压可降到0.05兆帕～0.2兆帕，且储罐内的液化石油气单位时间内的气体量较少，很容易造成气化量满足不了压缩机吸入量的要求，使压缩机无法工作，需要增加加热增压设备来提高储罐内压力使压缩机倒罐正常进行。

压缩机倒罐操作注意事项如下：

1）事故装置与安全装置间的压力差应保持在0.2兆帕～0.3兆帕，为加快倒罐作业，可同时启动两台压缩机。

2）应密切注意事故装置的压力及液面变化，不宜使事故装置的压力过低，一般应保持在147千帕～196千帕，以避免空气渗入，在装置内形成爆炸性混合气体。

3）在开机前应用惰性气体对压缩机气缸及管路中的空气进行置换。

（2）烃泵倒罐。将两装置的气相管连通，事故装置的出液管接在烃泵的入口，安全装置的进液管接在烃泵的出口，将液态的液化石油气等危险化学品由事故装置导入安全装置。

烃泵倒罐的优点是工艺流程简单，操作方便，能耗小。缺点是必须保持烃泵入口管路上有一定的静压头，以避免液态石油气等危险化学品发生气化。事故装置内的压力及液位差应使烃泵能被液化石油气等危险化学品气体充满。这就使得该方法受到一定的限制，如颠覆于低洼地带的液化石油气等危险化学品槽车，就无法保证静压头。当事故装置内压力低于0.75兆帕时，就必须与压缩机联用，提高事故装置内气相压力，以保证入口管路上足够的静压头。

烃泵倒罐操作注意事项如下：

1）烃泵的入口管路长度不应大于5米，且呈水平略有下倾与泵体连接，以保证入口管路有足够的静压头，避免发生气阻和抽空。

2）液化石油气等危险化学品液相管道上任何一点的温度不得高于相应管道内饱和压力下的饱和温度，以防止液化石油气等危险化学品在管道内产生气体沸腾现象，造成"气塞"，使烃泵空转。

3）气、液相软管接通后，应先排净管内空气，以防止空气进入管路系统。软管拆卸时应先泄压，避免造成事故。

4）根据事故装置的具体情况，确定适合型号的烃泵，以保证烃泵的扬程能满足液体输送压力、高度及管路阻力的要求。

（3）压缩气体倒罐。压缩气体倒罐是将甲烷、氮气、二氧化碳等压缩气体或其他与液化石油气等危险化学品混合后不会引起爆炸的不凝、不溶的高压惰性气体送入准备倒罐的事故装置中，使其与安全装置间产生一定的压差，从而将液化石油气等危险化学品从事故装置导入安全装置中。

压缩气体倒罐的优点是工艺流程简单，操作方便。缺点是液化石油气等危险化学品损失较大。

压缩气体倒罐操作注意事项如下：

1）压缩气瓶的压力导入事故装置前应减压，进入容器的压缩气体压力应低于容器的设计压力。

2）压缩气瓶出口的压力一般控制在比事故装置内液化石油气等危险化学品饱和蒸气压高1兆帕～2兆帕。

（4）静压差倒罐。静压差倒罐的原理是将事故装置和安全装置的气、液相管相连通，利用两容器间的位置高低之差产生的静压差，使液化石油气等危险化学品从事故装置导入安全装置中。

静压差倒罐的优点是工艺流程简单，操作方便。缺点是速度慢，两容器间容易达到压力平衡，倒罐不完全。

静压差倒罐操作注意事项：必须保证两装置间有足够的位置高度差才能采用此方法倒罐，一般在两装置温度差别不大时，两装置间高度差应不小于20米。

4. 转移法

如果储罐、容器、管道内的液体泄漏严重而又无法堵漏或者倒灌时，应及时将事故装置转移到安全地点处，尽可能减少泄漏的量。首先应在事故地点周围的安全区域修建围堤或处置地，然后将事故装置及内部的液体导入围堤或者处置地内，再根据泄漏液体的性质采用相应的处置方法。

对油罐车的处理要加强保护。在吊起油罐车时，一定与吊车司机紧密配合，用水枪冲击钢丝绳与车体的摩擦部位，防止打出火花，用泡沫覆盖车体的其他部位。在油罐事故车脱离现场时，用泡沫对油罐车进行覆盖，并派消防车跟随，防止托运途中发生意外事故。

5. 点燃法

当无法有效地实施堵漏或倒灌处置时，可采取点燃措施使泄漏出的可燃性气体或挥发性的可燃液体在外来引火物的作用下形成稳定燃烧，控制其泄漏，减低或消除泄漏毒气的危害程度和范围，避免易燃和有毒气体扩散后达到爆炸极限而引发燃烧爆炸事故。

点燃之前，要做好充分的准备工作，撤离无关人员，担任掩护和冷却任务的人员要到达指定位置，检测泄漏点周围可燃气体浓度；点火时，处置人员应在上风向，穿好避火服，使用安全的点火工具操作，如长杆点火棒、电打火器等。

6. 泄漏物处置技术

现场泄漏的危险化学品要及时进行覆盖、收容、稀释、处理，使泄漏物得到安全可靠的处置，防止二次事故的发生。泄漏物处置主要方法如下：

（1）围堤与沟槽堵截。修筑围堤是控制陆地上的液体泄漏物常用的收容方法，常用的围堤有环形、直线型、V形等。通常根据泄漏物流动情况修筑围堤拦截泄漏物，如果泄漏发生在平地上，则在泄漏点的周围修筑环形堤；如果泄漏发生在斜坡上，则在泄漏物流动的下方修筑V形堤。

利用围堤拦截泄漏物的关键除了泄漏物本身的特性外，就是确定修筑围堤的地点，这个点既要离泄漏点足够远，保证有足够的时间在泄漏物到达前修好围堤，又要避免离泄漏点太远，使污染区域扩大，带来更大的损失。如果泄漏物是易燃物，操作时要特别注意，避免发生火灾。

挖掘沟槽同样是控制陆地上的液体泄漏物常用的收容方法，通常根据泄漏物的流动情况挖掘沟槽收容泄漏物。如果泄漏物沿一个方向流动，则在其流动的下方挖掘沟槽；如果泄漏物是四散而流，则在泄漏点周围挖掘环形沟槽。挖掘沟槽收容泄漏物的关键除了泄漏物本身的特性外，就是确定挖掘沟槽的地点。这个点既要离泄漏点足够远，保证有足够的时间在泄漏物到达前挖好沟槽，又要避免离泄漏点太远，使污染区域扩大，带来更大的损失。如果泄漏物是易燃物，操作时要特别小心，避免发生火灾。

（2）稀释与覆盖。为减少大气污染，通常是采用水枪或消防水带向有害物蒸气云喷射雾状水，加速气体向高空扩散，使其在安全地带扩散。在使用这一技术时，将产生大量的被污染水，因此应疏通污水排放系统。

对于可燃物，也可以在现场施放大量水蒸气或氮气，破坏其燃烧条件。对于液体泄漏，为了降低物料向大气中的蒸发速度，可使用泡沫、干砂、石灰等进行覆盖，阻止泄漏物的挥发，降低泄漏物对大气的危害和泄漏物的燃烧性。

泡沫覆盖必须和其他的收容措施如围堤、沟槽等配合使用。通常泡沫覆盖只适用于陆地泄漏物，选用的泡沫必须与泄漏物相容。实际应用时，要根据泄漏物的特性选择合适的泡沫。常用的普通泡沫只适用于无极性和基本上呈中性的物质；对于低沸点、与水发生反应，具有强腐蚀性、放射性或爆炸性的物质，只能使用专用泡沫；对于极性物质，只能使用属于硅酸盐类的抗醇泡沫；用纯柠檬果胶配制的果胶泡沫对许多有极性和无极性的化合物均有效。

对于所有类型的泡沫，建议使用时每隔 30～60 分钟再覆盖一次，以便有效地抑制泄漏物的挥发。如果需要，这个过程应一直持续到泄漏物处理完。

（3）收容。对于大型液体泄漏，可选择用隔膜泵将泄漏出的物料抽入容器内或槽车内；当泄漏量小时，可用沙子、吸附材料、中和材料等吸收中和。

所有的陆地泄漏和某些有机物的水中泄漏都可用吸附法处理。吸附法处理泄漏物的关键是选择合适的吸附剂，常用的吸附剂有：活性炭、天然有机吸附剂、天然无机吸附剂、合成吸附剂等。

中和，即酸和碱的相互反应。反应产物是水和盐，有时是二氧化碳气体。现场应用中和法要求最终 pH 值控制在 6～9，反应期间必须监测 pH 值变化。只有酸性有害物和碱性有害物才能用中和法处理。对于泄入水体的酸、碱或泄入水体后能生成酸、碱的物质，也可考虑用中和法处理。对于陆地泄漏物，如果反应能控制，常常用强酸、强碱中和，这样比较经济；对于水体泄漏物，建议使用弱酸、弱碱中和。

常用的弱酸有醋酸、磷酸二氢钠等，有时可用气态二氧化碳。磷酸二氢钠几乎能用于所有的碱泄漏，当氨泄入水中时，可以用气态二氧化碳处理。常用的强碱有碳酸氢钠水溶液、碳酸钠水溶液、氢氧化钠水溶液，这些物质也可用来中和泄漏的氯，有时也用石灰、固体碳酸钠、苏打灰中和酸性泄漏物。常用的弱碱有碳酸氢钠、碳酸钠和碳酸钙。碳酸氢钠是缓冲盐，即使过量，反应后的 pH 值也只是 8.3。碳酸钠溶于水后，碱性和氢氧化钠一样强，若过量，pH 值可达 11.4。碳酸钙与酸的反应速度虽然比钠盐慢，但因其不向环境加入任何毒性元素，反应后的最终 pH 值总是低于 9.4 而被广泛采用。

对于水体泄漏物，如果中和过程中可能产生金属离子，必须用沉淀剂清除。中和反应常常是剧烈的，由于放热和生成气体产生沸腾和飞溅，所以应急人员必须穿防酸碱工作服、戴防烟雾呼吸器。可以通过降低反应温度和稀释反应物来控制飞溅。如果非常弱的酸和非常弱的碱泄入水体，pH 值能维持在 6～9，建议不使用中和法处理。

现场使用中和法处理泄漏物受下列因素限制：泄漏物的量、中和反应的剧烈程度、反应生成潜在地有毒气体的可能性、溶液的最终 pH 值能否控制在要求范围内。

（4）固化。通过加入能与泄漏物发生化学反应的固化剂或稳定剂使泄漏物转化成稳定形式，以便于处理、运输和处置的方法称为固化。有的泄漏物变成稳定形式后，由原来的有害变成了无害，可原地堆放不需进一步处理；有的泄漏物变成稳定形式后仍然有害，必须运至废物处理场所进一步处理或在专用废弃场所掩埋。常用的固化剂有水泥、凝胶、石灰等。

1）水泥固化。通常使用普通硅酸盐水泥固化泄漏物。对于含高浓度重金属的场合，使用水泥固化非常有效。许多化合物会干扰固化过程，如锰、锡、铜和铅等的可溶性盐类会延长凝固时间，并大大降低其物理强度，特别是高浓度硫酸盐对水泥有不利的影响，有高浓度硫酸盐存在的场合一般使用低铝水泥。酸性泄漏物固化前应先中和，避免浪费更多的水泥。相对不溶的金属氢氧化物，固化前必须防止溶性金属从固体产物中析出。

水泥固化的优点是：有的泄漏物变成稳定形式后，由原来的有害变成了无害，可原地堆放不需进一步处理。

水泥固化的缺点是：大多数固化过程需要大量水泥，必须有进入现场的通道，有的泄漏物变成稳定形式后仍然有害，必须运至废物处理场所进一步处理或在专用废弃场所掩埋。

2）凝胶固化：凝胶是由亲液溶胶和某些增液溶胶通过胶凝作用而形成的冻状物，没有流动性，可以使泄漏物形成固体凝胶体。形成的凝胶体仍是有害物，需进一步处置。选择凝胶时，最重要的问题是凝胶必须与泄漏物相容。

使用凝胶的缺点是：①风、沉淀和温度变化将影响其应用并影响胶凝时间；②凝胶的材料是有害物，必须作适当处置或回收使用；③使用时应加倍小心，防止接触皮肤和吸入。

3）石灰固化。使用石灰作固化剂时，加入石灰的同时需加入适量的细粒硬凝性材料如粉煤灰、研碎了的高炉炉渣或水泥窑灰等。

用石灰作固化剂的优点是：石灰和硬凝性材料容易获取。

用石灰作固化剂的缺点是：形成的大块产物需转移，石灰本身对皮肤和肺有腐蚀性。

（5）低温冷却。低温冷却是将冷冻剂散布于整个泄漏物的表面上，减少有害泄漏物的挥发。在许多情况下，冷冻剂不仅能降低有害泄漏物的蒸气压，而且能通过冷冻将泄漏物固定住。

影响低温冷却效果的因素有：冷冻剂的供应、泄漏物的物理特性及环境因素等；冷冻剂的供应将直接影响冷却效果；喷撒出的冷冻剂不可避免地要向可能的扩散区域分散，并且速度很快；整体挥发速率的降低与冷却效果成正比。

泄漏物的物理特性如当时温度下泄漏物的黏度、蒸气压及挥发率，对冷却效果的影响与其他影响因素相比很小，通常可以忽略不计。环境因素如雨、风、洪水等将干扰、破坏形成的惰性气体膜，严重影响冷却效果。常用的冷冻剂有二氧化碳、液氮和冰，选用何种冷冻剂取决于冷冻剂对泄漏物的冷却效果和环境因素，应用低温冷却时必须考虑冷冻剂对随后采取的处理措施的影响。

1）二氧化碳。二氧化碳冷冻剂有液态和固态两种形式：液态二氧化碳通常装于钢瓶中或装于带冷冻系统的大槽罐中，冷冻系统用来将槽罐内蒸发的二氧化碳再液化；固态二氧化碳又称干冰，是块状固体，因为不能储存于密闭容器中，所以在运输中损耗很大。

液态二氧化碳应用时，先使用膨胀喷嘴将其转化为固态二氧化碳，再用雪片鼓风机将固态二氧化碳播撒至泄漏物表面。播撒设备必须选用能耐低温的特殊材质。液态二氧化碳与液氮相比，有以下几大优点：①因为二氧化碳槽罐装备有气体循环冷冻系统，所以是无损耗储存；②二氧化碳罐是单层壁罐，液氮罐是中间带真空绝缘夹套的双层壁罐，这使得二氧化碳罐的制造成本低，在运输中抗外力性能更优；③二氧化碳更易播撒。

二氧化碳虽然无毒，但是大量使用，可使大气中缺氧，从而对人产生危害，随着二氧化碳浓度的增大，危害就逐步加大。二氧化碳溶于水后，水中 pH 值降低，会对水中生物产生危害。

2）液氮。液氮温度比干冰低得多，几乎所有的易挥发性有害物（氢除外）在液氮温度下皆能被冷冻，且蒸气压降至无害水平。液氮也不像二氧化碳那样，对水中生存环境会产生危害。

要将液氮有效地应用起来是很困难的。若用喷嘴喷射，则液氮一离开喷嘴就全部挥发为气态，若将液氮直接倾倒在泄漏物表面上，则局部形成冰面，冰面上的液氮立即沸腾挥发，冷冻力的损耗很大。因此，液氮的冷冻效果大大低于二氧化碳，尤其是固态二氧化碳。液氮在使用过程中产生的沸腾挥发，有导致爆炸的潜在危害。

3）湿冰。在某些有害物的泄漏处置中，湿冰也可用作冷冻剂。湿冰的主要优点是成本低、易于制备、易播撒，主要缺点是湿冰不是挥发而是溶化成水，从而增加了需要处理的污染物的量。

（6）废弃。将收集的泄漏物运至废物处理场所处置。用消防水冲洗剩下的少量物料，冲洗水排入含油污水系统处理。

四、常用的消除方法

（1）控制污染源。抢修设备与消除污染相结合。抢修设备旨在控制污染源，抢修越早受污染面积越小。在抢修区域，直接对泄漏点或部位洗消，构成空间除污网，为抢修设备起到掩护作用。

（2）确定污染范围。做好事故现场的应急监测，及时查明泄漏源的种类、数量和扩散区域。污染边界明确，洗消量即可确定。

（3）控制影响范围。利用救援器材与消防专业装备器材相结合，使用机械设备、专业器材消除泄漏物具有效率高、处理快的明显优势。但目前装备数量有限，难以满足实际需要，所以必须充分发挥企业救援体系，采取有效措施控制污染影响范围。通常采用的方法有三种：

1）堵。用针对性的材料封堵下水道，截断有毒物质外流以防造成污染。

2）撒。用具有中和作用的酸性和碱性粉末抛撒在泄漏地点的周围，使之发生中和反应，降低危害程度。

3）喷。用酸碱中和原理，将稀碱（酸）喷洒在泄漏部位，形成隔离区域。

（4）污染洗消。利用喷洒洗消液、抛撒粉状消毒剂等方式消除毒气污染。一般在毒气事故救援现场可采用以下三种洗消方式：

1）源头洗消。在事故发生初期，对事故发生点、设备或厂房洗消，把污染源严密控制在最小范围内。

2）隔离洗消。当污染蔓延时，对下风向暴露的设备、厂房，特别是高大建筑物喷洒洗消液，抛撒粉状消毒剂，形成保护层，污染物降落或流经时即可产生反应，降低甚至消除危害。

3）延伸洗消。在将污染源控制后，从事故发生地开始向下风向对污染区逐次推进全面而彻底地洗消。

第四节　矿山事故现场应急处置

矿山可能发生的生产安全事故种类较多，常见的有瓦斯煤尘爆炸事故、火灾事故、水灾事故、顶板事故等。矿山事故现场应急处置具有很强的特殊性、针对性和较强的专业性。发生事故现场的第一救援力量往往是井下现场受灾自救的生产班组和矿山救护人员。

一、瓦斯、煤尘爆炸事故现场应急处置

1. 事故特征

（1）瓦斯事故主要有瓦斯爆炸、煤尘爆炸、瓦斯煤尘爆炸、瓦斯窒息等。

（2）事故多发生在采掘工作面、采空区、主要运输大巷、盲巷和回风巷巷道等容易形成瓦斯积聚的地方。

（3）瓦斯、煤尘爆炸事故没有季节性，一旦发生爆炸，会造成巨大的财产损失和人员伤亡。

（4）爆炸前预兆。瓦斯、煤尘爆炸发生前存在征兆，现场可感觉到附近空气有颤动的现象发生，有时还发出"咝咝"的空气流动声，这可能是爆炸前爆源要吸入大量的氧气所致。

2. 现场应急组织与职责

（1）现场应急形式及人员构成情况。基层单位现场应急组织以班组为单位，由全班人员组成，现场应急组组长由班组长担任。一旦发生瓦斯、煤尘爆炸事故，由现场

带班干部、班组长、瓦斯检查员、安全检查员等组成现场应急处置小组，立即开展自救与互救工作。

（2）现场应急组织人员的具体职责

1）现场应急组织组长的职责：

①负责查看事故性质、范围和发生原因等情况；

②及时向矿调度室汇报事故现场情况；

③立即组织现场人员进行自救，并带领灾区人员撤至安全地点，清点人数，积极配合矿山救护队进行抢险救灾工作。

2）现场应急处置人员职责：

①告知从业人员作业场所和工作岗位存在的危险和有害因素、防范措施和事故应急处置措施；

②熟悉作业环境，履行岗位职责，掌握瓦斯、煤尘爆炸的条件、预兆和危害，掌握正确的避灾路线、避灾常识；

③根据事故情况及应急自救程度，迅速带领人员撤至安全地点，及时清点人数，将事故危害降到最低；

④发生事故后，现场人员要佩戴好自救器或躲进避难硐室、压风自救袋下，做好自救、互救，等待救护队员救助。

⑤救护队负责人对瓦斯煤尘爆炸事故救护的行动具体负责，全面指挥、领导救护队员根据事故处置计划所规定的任务，完成对灾区遇险人员的救援和事故处置。

3. 发生瓦斯、煤尘爆炸事故的现场应急处置程序

（1）井下发生瓦斯、煤尘爆炸事故后，现场人员应迅速佩戴自救器，现场区长、班组长或瓦斯检查员、安全检查员要组织和指挥遇险人员迅速撤离灾区。同时，利用最便捷的通信方式向矿调度室报告。

（2）发生事故后，现场工作人员要根据发生的事故类别及现场情况，立即向调度室汇报，同时对事故发展的态势进行动态的监测，建立对事故现场及场外的监测和评估程序，内容应包括：发生事故灾害的单位、时间、地点、事故类型、影响范围；人员遇险情况；事故原因的初步判断；已采取的应急抢救方案、措施和进展情况；需请示报告的其他事宜。

（3）调度员接到事故汇报后，立即按照事故电话通知顺序通知相应领导和相关单

位，通知受威胁地点的人员撤离。较大、重特大事故要及时向煤矿调度室报告事故的基本情况，内容应包括：发生事故、灾害的单位、时间、地点、事故类型；事故简要经过、伤亡人数、伤害程度、涉及范围；事故原因的初步判断；事故发生后已采取的应急抢救方案、措施和进展情况，必要时附事故现场图。

4. 现场应急处置

（1）现场应急处置应遵循的原则如下：

1）救人优先的原则。现场工作人员本着"以人为本，救人第一"的原则，首先进行自救，然后进行救助他人；

2）防止事故扩大，缩小影响范围的原则；

3）保护救灾人员生命安全的原则。

（2）现场应急处置措施：

1）发生瓦斯、煤尘爆炸或燃烧时，遇灾人员应在爆炸或燃烧瞬间屏住呼吸，立即戴好自救器或脸朝下卧倒在水沟里，或用湿毛巾快速捂住鼻、口，积极进行自救。

2）事故发生后，当班瓦斯员、安全员或班组长应迅速组织人员按照瓦斯、煤尘事故避灾路线，迅速撤至安全地点，并立即汇报煤矿调度室。同时尽可能迅速了解事故的性质、程度和范围等情况。

3）矿调度接到汇报后，立即通知有关领导和部门成立应急指挥部，依据灾情制定应急方案，下达指令组织抢救。同时通知灾区和受威胁地区人员沿指定路线撤退。

4）瓦斯、煤尘燃烧初期，现场人员要积极组织扑灭，并切断电源。火势发展很快，不能尽快扑灭时，现场人员应迅速撤离。

5）瓦斯、煤尘爆炸摧毁的通风设施，应急指挥部在确认无二次爆炸危险时，要组织人员及时进行恢复，防止通风系统紊乱。

5. 爆炸事故现场应急处置要点

（1）调度室应变要点：

1）向矿长、总工程师报告爆炸地点有无遗留火种，灾区波及范围，是局部爆炸还是连续爆炸，爆炸产物排出沿程时候引起二次爆炸或燃烧情况，遇险人员情况等；

2）向上级公司调度室报告，向矿山救护队报警；

3）按事故预处理计划和应急救援预案规定迅速召集矿井通风区、机电科、医院等各方面有关人员。

（2）救灾指挥人员应急要点：

1）组织成立抢险救灾指挥部，指令各单位执行应急任务；

2）判断灾区是否还有爆炸可能，通风设施和系统的破坏程度，爆炸原因，是否有煤尘参与，能否诱发火灾等情况；

3）根据灾情，命令救护队迅速进入灾区侦查抢救人员，并组织人员的安全撤退；

4）建议并决定设立井下救护基地的地点和侦查路线；

5）确定恢复原有通风系统和抢救人员措施；

6）确定防止再次爆炸和诱发火灾的措施、隔爆和灭火措施等。

（3）矿山救护队工作要点：

1）迅速赶赴爆炸事故矿井，建立井下救护基地；

2）派侦查小组进入灾区进行全面侦查，查清遇险、遇难人员数量及分布地点，发现幸存者立即使其佩戴自救器救出灾区；

3）在查清确无火源的基础上对充满爆炸烟气的巷道恢复通风，同时检查瓦斯浓度，防止事故扩大；

4）迅速扑灭井下因爆炸产生的火灾；

5）抢救遇险人员安全脱险，并清理堵塞物。

（4）救护小队进入灾区应遵守的原则：

1）进入前切断灾区电源；

2）注意检查灾区内各种有毒气体的浓度，检查温度及通风设施的破坏情况；

3）穿过支架被破坏的巷道时，要架好临时支架，以保证退路安全；

4）通过支护不好的地点时，队员要保持一定距离按顺序通过，不要推拉支架，进入灾区行动要谨慎，防止碰撞产生火花，引起爆炸。

（5）遇险人员撤退行动要点：

1）事故发生后，灾区人员要立即采取自救、互救措施，位于灾区的人员首先尽快撤离灾区，波及区的人员在接到通知后也要及时撤离；

2）采煤工作面发生事故时，受灾人员要以事故区为中心，分别由上、下顺槽撤退，转入安全的进风巷道；

3）避灾时，遇险人员在班组长的带领下，按通风人员、救护人员、救灾人员指引的避灾路线迅速地撤离危险区。在避灾过程中，要守纪律、听指挥。撤离时，应两人以上编组同行，要互相帮助，互相照顾，不能单独乱跑。撤退中要注意风流方向，要尽快取捷径进入新鲜风区域。进入避难硐室后要发出互救信号，以便救灾人员跟踪寻找。

二、火灾事故现场应急处置

1. 事故特征

（1）矿井火灾分为内因火灾和外因火灾：内因火灾主要是煤层自燃，即由于煤炭自身氧化积热发生燃烧引起的火灾；外因火灾是指由外部火源引起的火灾。

（2）内因火灾多发生在采空区或通风不良的巷道中。外因火灾大多容易发生在井底车场、机电硐室、运输及回采巷道等机械、电气设备等比较集中的地点。

（3）矿井火灾事故没有季节性，一旦发生火灾还可能会引起一氧化碳中毒、窒息或引发瓦斯、煤尘爆炸，造成很大的损失和人员伤亡。

（4）煤炭自燃初期，人体所能感受到的预兆有：

1）空气湿度增大，有雾气，煤壁和支架上挂有水珠；

2）空气温度升高，出水温度也高；

3）出现如汽油味、煤油味、煤焦油味等异常气味；

4）人体产生不适感觉，出现头痛、头晕、恶心、呕吐、四肢无力、精神不振等症状。

2. 现场应急组织与职责

矿井火灾应急组织与职责与瓦斯、煤尘爆炸事故现场应急处置相同，详见前述内容。

3. 应急处置

（1）事故应急处置程序。发生火灾事故后，现场人员必须立即撤退并向矿调度室汇报。

（2）现场应急处置措施：

1）井下一旦发生火灾，要立即切断电源。火势蔓延前，班组长应迅速组织人员用水、沙、灭火器灭火。电源未切断，用沙、土、干粉灭火器、二氧化碳灭火器灭火，并组织人员撤出着火点周围易燃物品。在灭火的同时班组长应亲自或派专人向矿调度中心汇报。

2）火势蔓延较快，现场人员一时无法扑救时，班组长应指挥人员按应急措施执行，按规定路线撤离。撤离路线要避开火烟影响区，以最短距离进入进风巷道，逆风流方向撤离，且派专人或电话通知有关人员采取相应的措施，避免临近地区人员受火灾威胁。

3）救灾人员下井救灾需佩戴氧气呼吸器，从发生火灾地点的进风侧进入灾区进行抢救。

4）处置火灾时，需检查瓦斯、一氧化碳等有害气体的浓度，观察风流、有害气体变化情况。当瓦斯浓度高，有爆炸危险时，救灾人员要撤到安全地点。采取控制风流、密闭巷道等措施，消除瓦斯危害，防止瓦斯爆炸。密闭巷道过程中，要稳定通风系统，确定封堵顺序，监视风流状态，如出现风流脉动现象，要立即撤出人员。

5）进风进口、井底车场、运输大巷发生火灾，应先撤出进风侧人员，然后采取反风措施处置。采区硐室或采掘工作面发生火灾，在瓦斯浓度不高的情况下，硐室可采取风流短路或断风等辅助措施灭火。采掘工作面火灾，首先应稳定通风系统，保证工作面风量，防止瓦斯超限，降低有害气体对采掘工作面人员的伤害。待所有人员撤到安全地区后，当火势不大时，立即组织现场直接灭火。如果火势较大且瓦斯浓度较高时，根据火灾性质、瓦斯浓度变化趋势，结合现场实际条件，由救护队采取恰当的灭火方案，进行灭火。

6）灭火方法。用水、砂、灭火器直接灭火，消灭火源；砌筑密闭墙封闭火区，隔绝空气；打钻注浆灭火；均压灭火（注：油料着火、电气着火未切断电源时，不能用水灭火，可以用沙、土、干粉灭火器灭火）。

7）不能直接灭火的地区，封闭时须检查瓦斯等有害气体的浓度和变化情况，火区封闭必须由矿山救护队施工。

8）处理火灾时的通风方法。运输大巷皮带着火时应封堵或减少进风，打开临近火源点的联络巷风门，使烟雾从无人行进巷道排出；若灾区风流短路，救灾人员应从进风侧救灾灭火。

采区主巷着火时，应打开采面运输巷中部车场风门，对主通风机须派人监护，保证正常运转。改变风机正常工作时，须由救灾指挥部决定，只有有利于控制灾情，有利于灭火时，才能改变风机正常工作，严防因负压改变引起烟火逆转而扩大灾情。

为防止风流逆转和火烟侵袭其他巷道，不论火灾发生在上行风流还是下行风流中，都应尽快切断向火区供风的主干支和侧支风流，以降低火风压，消除排烟巷障碍物，降低排烟巷阻力，防止旁侧支的烟雾逆转；火灾发生在下行风流中，采用直接灭火方法时，必须有可靠的防火风压逆转的措施，可以在风路上布置消防集中水幕和灭火人员能迅速摆脱高温烟火危害的条件，否则，消防人员不可在火源的上风侧灭火。要在发生火灾的巷道中增置强力喷雾区，以减小火风压。

井下发生火灾，必须对主通风机进行正确调度，防止灾情扩大。

封闭火区时，对选择采用先进后回或先回后进，同时封闭的方法时，要根据火区是否与瓦斯积聚区连通、老塘瓦斯情况、着火点下风侧易燃物情况、通风系统的稳定性，风流中瓦斯浓度变化趋势等具体情况来确定。

三、水灾事故现场应急处置

1. 事故特征

（1）水灾事故主要有地表水溃入井下、老空突水、灾害性天气等。

（2）事故多发生在采煤工作面、掘进迎头中。

（3）水灾事故有季节性，一般发生在汛期，一旦发生，易造成人员伤亡。

（4）井下水灾事故的预兆：煤层发潮发暗；巷道壁挂汗、挂红；煤层变凉；工作面温度降低、有雾气；顶板来压，淋水加大；有水声；工作面有害气体增加；打钻时钻孔底松软或有水。

2. 应急组织与职责

（1）应急自救组织形式及人员构成情况：基层单位应急自救组织以班组为单位，由全班组人员组成。应急自救组织组长由班组长担任，成员为全体班组人员。

（2）应急自救组织人员的具体职责

1）应急自救组织组长职责：

①负责察看事故性质、范围和发生原因等情况，并快速报告给矿调度室；

②带领全班组人员，开展自救、互救工作。

2）应急自救组织成员职责：

①在班组长的带领下开展自救、互救工作，尽可能采取措施防止事故扩大；

②启动事故应急处置程序；

③现场发生水害事故后，现场人员必须立即撤退并向矿调度室汇报。

3. 现场应急处置原则

在生产过程中，当采掘工作面或其他地点发现有挂红、挂汗、空气变冷、出现雾气、水叫、顶板淋水加大、顶板来压、底板鼓起或产生裂隙出现渗水、水质发浑、有臭鸡蛋味等突水征兆时，必须停止作业，采取措施，立即报告矿调度室，并发出警报，撤出所有受水威胁地区人员。发生突水后，区队长、班组长要立即向矿调度汇报突水地点、涌水量、影响范围等情况。矿救灾指挥部应下令撤出受水害威胁地区的人员，组织人员抢救。

四、顶板事故现场应急处置

1. 事故特征

（1）顶板事故主要有工作面片帮、漏顶、冒顶。

（2）事故多发生在采煤工作面、采掘巷道、维修巷道中。

（3）顶板事故没有季节性，一旦发生，会造成人员伤亡。

（4）顶板的预兆：顶板连续发出断裂声；顶板下沉量增加。

（5）煤帮预兆：煤质变得松软，片帮煤增多；电钻打眼时感到钻进省力。

（6）支架预兆：木支柱大量被压劈、压裂或折断，工作面可以连续听见木支柱断裂声；铰接顶梁工作面顶梁楔子会弹出。

2. 应急组织与职责

矿井顶板事故应急组织与职责与水灾事故现场的应急处置相同。

3. 应急处置

（1）事故应急处置程序。现场发生顶板事故后，现场人员必须立即向矿调度室汇报。

（2）现场应急处置措施：

1）巷道发生顶板事故后，必须立即停止该地区作业，撤出所有人员，跟班区队长、班组长立即清点人数，组织抢救，同时向矿调度室汇报冒顶地点、冒顶高度、长度等情况。

巷道发生顶板事故后，要分析发生事故的原因，分析巷道顶板岩性，判断冒顶的范围、大小，根据现场情况和分析结果编制有针对性的专项安全技术措施。抢救人员根据救灾指挥部制定的方案和安全措施，采取各种可能的方法，尽快抢救遇险人员；

要用呼喊、敲击等方法确定遇险人员位置、人数；大块矸石可用千斤顶、撬棍等工具掀开；顶板如有冒落危险时，必须采取临时支护，防止二次冒落；处置冒顶时，必须在可靠的临时支护下作业，严禁空顶作业；处置冒顶前，应先加固好冒顶区前后的支护；使用棚子支护的，应根据围岩压力大小加密棚距，把棚子扶正扶稳；棚子之间要安装好拉杆等，使支架形成一个联合体，棚子顶帮要背严背实；使用其他支护方式的也需要采取补棚子等加强措施。

应优先考虑采用锚喷支护处置冒顶；对伴有淋水的破碎岩石冒顶处置方法，应优先考虑采用注浆封堵加固法。发生堵人事故，可采取压风、供水管路通风、沿煤帮掏小洞、打钻孔供风、供食物等方法处置。处理冒顶时必须备足支护材料；处置冒顶事故必须由有经验的工人进行，棚顶等工作必须有专人观察顶板，处置垮落巷道的方法有木垛法、搭凉棚法、撞楔法、打绕道法。冒顶处置通过后，要完善加强支护和观测措施。

2）回采工作面冒顶事故处置。回采工作面发生冒顶事故，区队长、班组长立即清点人数，组织抢救，并向矿调度汇报冒顶位置、范围、高度等情况。

抢救人员根据指挥部门的方案措施，尽快抢救遇险人员，具体处置冒顶的方法，根据现场情况可采取以下相应措施：发生冒顶时，采取掏梁窝、架单腿棚或悬臂梁、小木垛的方法；工作面架前冒顶，根据现场情况，采用打贴帮柱、木架棚顶等措施，由上向下的处置方法。处置冒顶在人员抢救出前，如用溜子出矸，必须在冒顶下方断开溜子，重接机尾，如机组在冒顶下方，必须将机组吊起。处置冒顶时，必须加强通风管理，瓦斯浓度高时要切断电源，必要时采取局部风机供风。对抢救出的伤员要在现场施行止血、人工呼吸等急救措施，撤至安全地点后，医务人员要对伤员继续进行急救并监护上井。

第五章　典型生产安全事故的避灾自救

第一节　概　　述

生产安全事故现场自救是指事故发生后，事故单位实施救援行动以及在事故现场受到事故危害的人员自身采取的保护防御行为。自救行为的主体是企业和职工本身，由于他们对现场情况最熟悉、反应最快，发挥救援作用最大，事故现场急救工作往往是通过自救行为能够得到控制或解决。

通常情况下，发生重大灾害事故的初期，事故波及的范围和对人员的危害都比较小，既是避灾自救的有利时机，又是决定事故现场人员生命安全的关键时刻。处于事故现场的作业人员在万分危急的情况下，依靠自己的智慧和力量，积极、正确地采取应急自救、互救，具有及时性、就近性、广泛性、自发性和有效性，是保证事故现场人员自身安全和控制灾情进一步扩大，将灾害事故消灭在萌芽阶段和初始状态，最大限度地减少人员伤亡和事故损失的重要环节。即使在事故处理的中、后期，现场作业人员积极开展应急自救、互救，对提高抢险救灾工作成效也具有重要的作用。

一、避灾自救的基本原则

1. 迅速报警，及时求救

熟悉各种报警电话，事故发生后要迅速报警求救，不能拖延不报，更不允许瞒报谎报。

2. 确保安全，迅速施救

要在确保自身安全的前提下，开展救援工作，不要盲目施救。

3. 保持冷静，客观分析

在自救过程中，主动比被动好，要采取积极的态度，不要错失良机。事故发生后，不要惊慌失措，要弄清楚事故的类型和性质，采取正确的避险方法。

4. 正确使用避险资源

发生事故后要利用好一切可以利用的避险资源，包括各种防护设施、消防器材、避险硐室、急救药品等。

5. 服从指挥，科学逃生

事故现场非抢险人员应遵守"安全第一，主动、迅速、镇定、向外、离开事故现场"的基本原则。自救是为了保全性命，所以应当选择比较安全的方法，尽快离开事故现场。在选择相应的逃生方法时，哪一种安全系数大选择哪一种。

如果选择安全逃生，必须要速度快。事故的发展速度往往相当快，所以一定要行动敏捷。自救过程中还要镇定、不慌不乱，树立坚定的求生欲望。向外逃生比向里好，这样安全系数要高一些。

二、事故现场避灾自救的基本要求

（1）要求现场人员熟悉各种不同性质事故的特点和规律，因为不同事故避险自救的方法不同。

（2）在确保自身安全的前提下，积极抢险救灾。因为事故发生后，如果现场人员能够采取正确的措施，往往可以把事故消灭在萌芽状态，减少更大的损失，最大限度地挽救他人的性命。如果确实无法处理，必须依据事故性质类型及时撤离。

（3）熟悉避灾路线。不同事故的避灾路线可能不同，需要认真分析，如果避灾路线遇阻，立即寻找避灾硐室或设施，等待救援，不要盲目逃生。

（4）熟悉应急设备设施设置的位置和使用方法。一般事故现场附近都有必要的应急设备设施，要熟悉这些设备设施的设置位置和数量，事故发生时即可充分利用。另外，必须掌握应急设备设施器材的使用方法。

（5）企业对于事故，应有相应的应急预案。平时就要要求现场人员必须熟悉事故应急预案，特别是现场预案，以便在事故发生后按照预案要求进行避险自救。

（6）节约用电、用水和食物，事故发生后如果随身携带照明设施，不要随意开启。如果几个人一起逃生，可以轮流使用照明设施。另外，应急资源如水和食物的使用一定要有计划，尽可能延长使用。

第二节　火灾事故避灾自救措施

一、火灾发生后的逃生与疏散

火灾的发展阶段火势较猛，这种情况下一定要保持头脑冷静，迅速组织疏散，使人员远离火场，并立即拨打"119"报警，报告消防机关，使消防人员和消防车迅速赶到火场，以及时控制火情。火灾猛烈阶段，首先要寻找逃生通道，及时逃离火灾现场。

火灾发生后，由于危险突然降临，人们容易产生恐慌心理，这种恐慌会干扰人们的行为，形成安全疏散和逃生的重要心理制约因素。因此，发生火灾后一定要保持冷静，做到临危不惧，增强自制力，按照安全逃生路线安全撤离。

1. 及时报告火警

发生火灾时，及时报警是及时扑灭火灾的前提，这对于迅速扑灭火灾、减轻火灾危害、减少火灾损失具有非常重要的作用。因此，《中华人民共和国消防法》规定：任何人发现火灾都应当立即报警。任何单位、个人都应当无偿为报警提供便利，不得阻拦报警，严禁谎报火警。

如果现场有火灾发生，要保持镇静，并立即电话报警求助，要记清火警电话号码119。火灾报警时应注意以下几个方面：

（1）火警电话接通后，应讲清着火单位，所在区县、街道、门牌号码或者乡村的详细地址及周围明显的标志；

（2）要讲清楚起火的部位，面积的大小、燃烧物质和燃烧情况，火势如何，有无人员被困、有无重大危险源等情况；

（3）报警人要讲清楚自己的姓名及电话号码；

（4）报警后要派专人在街道路口等候消防车的到来，指引消防车去火灾现场，以便其能迅速准确到达起火地点。

2. 火灾现场的安全疏散

（1）安全疏散的基本原则。安全疏散是指发生火灾时，在火灾初期阶段，建筑物内所有人员及时撤离建筑物到达安全地点的过程，但从建筑物本身的构造来说，应坚持以下基本原则：

1）合理布置疏散路线。所谓合理的安全疏散路线，是指火灾时紧急疏散的路线越来越安全。就是说，应该做到人们从着火房间或部位，跑到公共走道，再由公共走道到达疏散楼梯间，然后由疏散楼梯间到室外或其他安全处，一步比一步安全，不能产生"逆流"。

2）疏散楼梯的数量要足够，位置要得当。为了保证人们在火灾时能顺利疏散，高层建筑至少应设两个疏散楼梯，并且设在两个不同的方向上，最好是在靠近主体建筑标准层或防火分区的两侧设置。这是因为人们在火灾时往往是冲向熟悉的楼梯或出口，但若遇到烟火阻碍就会掉头寻找出路，只有一条疏散路线是不安全的。两个疏散楼梯过于集中也不利于疏散。

3）疏散顺序。疏散顺序，就是指先疏散哪部分人员，后疏散哪部分人员，这是制定疏散预案首先要考虑的。一般原则是先疏散着火层，然后是着火层以上楼层，最后是着火层以下楼层。

4）疏散路线。疏散路线应选择离安全出口、疏散楼梯最近的路线，一般是沿疏散指示标志所指的方向疏散。但如果是着火层，应考虑着火的位置。着火房间附近房间的人，应向着火相反的方向疏散。竖向疏散一般先考虑向地面疏散，因为疏散到地面是最安全的。但也要考虑到通向地面的竖向通道万一被封堵，也可以向楼顶疏散。设有避难间、避难层的高层建筑，可考虑向避难间、避难层疏散。

5）疏散指挥。整个疏散过程必须在统一指挥下，按照预定的顺序、路线进行，否则，就可能造成混乱，影响疏散。总指挥应当在消防控制室、各楼层或防火分区安排有现场指挥员（或称引导员），现场指挥员要及时向总指挥报告疏散情况。

6）避免设置袋形走道。袋形走道的致命弱点是只有一条疏散路线（或一个出口）。火灾时，一旦这个出口被火封住，处在这一区域的人员就会陷入"死胡同"而难以脱险。

7）辅助安全疏散设施要可靠、方便使用。

（2）人员疏散的方法

1）口头引导疏散法。疏散现场的工作人员要用镇定的语气呼喊，尽力劝说人们消除恐慌心理，稳定情绪，坚定逃生信心，指明各种疏散通道，使人群能够积极配合，按指定路线有条不紊地安全疏散。避免人们一起拥向出口，造成拥挤混乱。

2）广播引导疏散法。负责事故广播的人员接到火灾信号后，要立即开启事故广播系统，将现场指挥员的命令、火灾情况、疏散情况等向公众广播，以引导人们疏散。一般疏散广播内容有以下几点：

①着火部位、当前蔓延的范围、燃烧程度等；

②指示疏散的路线和方向，具体说明可利用的疏散通道、出口位置及安全指示标志的高低位置、颜色；

③需要疏散人员的区域，指明较安全区域的方位、标志，让火场人员确认自己是否到达安全区域；

④向已被烟火围困的人员说明救生器材的使用方法，自制救生器材的方法，使其坚定自救逃生的信心。

3）强行疏导法。当人们惊慌、混乱，拥挤在一起，造成疏散通路、出入口堵塞时，现场工作人员、消防人员要积极组织疏导，维持好秩序，向外拖拉。有人跌倒时，要设法阻止人流，迅速扶起摔倒的人员，并且采取必要的手段强制疏导，防止人员伤亡。疏散过程中要注意防止互相拥挤，要帮助体弱者如老人、小孩一道撤离火场。最好能在疏散通道的拐弯、岔道等容易走错方向的地方，设立工作人员指示方向，防止人们误入死胡同或进入危险区域。

（3）疏散程序

1）值班人员确认发生火灾时，应立即拨打"119"报警电话向消防部门报警，同时通报上级领导和各处工作人员。

2）疏散组织者和工作人员听到警报后，应按照火灾应急预案中制定的疏散方案进入指定位置，立即组织疏散。消防队未到达火场前，失火单位的领导和工作人员，就是疏散人员的组织者。火场上受火势威胁的人员，必须服从领导、听从指挥，使火场所有人员有组织、有秩序地进行疏散。

3）消防队到达火场后，由消防指挥员组织指挥。失火单位的领导和工作人员应主动向消防队汇报火场情况，积极协助消防队，做好疏散抢救工作。

（4）人员疏散注意事项

1）消防队到达火场后，现场疏散小组要迅速向消防队报告火场情况，讲清被困人员的方位、数量，以及救人的路线，为消防队救人提供必要信息。

2）外部疏散的组织者应发动群众，协助将疏散出来的危重伤员迅速交给救护小组。救护小组对其进行必要的现场急救后，应拦截过路车辆，送往就近医院抢救。如果医疗救护人员在现场，应迅速请医生救治，并做好配合工作。

3）在疏散过程中，要始终把疏散秩序和安全作为工作重点，特别要防止出现拥挤、踩踏、摔伤等事故：

①看到前面的人倒下去，应立即扶起。

②分流疏散人群，减轻单一疏散通道的压力。实在无法分流时，应采取强硬手段坚决制止相互踩踏、前拥后挤的情况出现。当出现互相拥挤的混乱状态时，不能贸然加入，避免扩大伤亡。

③阻止逆向人流出现，保持疏散通道畅通。

④阻止乱跑乱窜、大喊大叫的行为，这种行为不仅会消耗大量体力，吸入更多的烟气，还会妨碍他人的正常疏散，甚至诱导混乱。

4）一般情况下，疏散的先后顺序是：先从着火楼层开始、然后是以上各层及以下各层。要优先安排受火势威胁最严重、最危险区域内的人员疏散。如果贻误时机，可能会造成惨重的伤亡后果。如疏散不及时，人群在高温、浓烟等恶劣情况下，极易发生跳楼、中毒、昏迷、窒息等现象和症状。

5）疏散指挥的原则是：先疏散年老体弱者；先观众、旅客、顾客，后员工，最后为救助人员；对于行动有特殊困难的人员，应指派专人协助撤离；负责引导疏散工作的单位员工和消防队员，不能只顾自己逃生而抛下旅客、顾客、观众不管，这属于渎职行为。

6）原则上应同时进行疏散、控制火势及火场排烟、灭火工作。利用楼内消火栓、防火门、防火卷帘等设施控制火势，启动通风和排烟系统降低烟雾浓度，阻止烟火侵入疏散通道，及时关闭各种防火分隔设施，可以为安全疏散创造有利条件，保证疏散工作顺利进行。

二、火灾现场的逃生自救方法

在火场上，如何正确处理逃生与救人、逃生与救物、逃生与抢险、逃生与灭火的关系？这就必须贯彻"救人第一，准确、快速，集中兵力打歼灭战"的指导思想，明确火场逃生的原则和方法。平时应注意加强防灭火知识和火场逃生技能的学习与演练，提高自防自救能力，这样在关键时刻，才能沉着镇定，搞好自救、互救，化险为夷。

1. 火场逃生的原则

火场逃生的原则基本上可概括为：确保安全、迅速撤离，顾全大局、救助结合。

（1）"确保安全，迅速撤离"是指被火灾围困的人员或灭火人员，要抓住有利时机，就近、就便利用一切可利用的工具、物品，想方设法地迅速撤离火灾危险区。一个人的正确行为，能够带动更多人的跟随，就会避免更多人的伤亡。不要因抢救个人贵重物品或钱财而贻误逃生良机。这里需要强调的是，如果逃生的通道均被封死时，在无任何安全的保障的情况下，也不要急于采取过激的行为，以免造成不必要的伤亡。

（2）"顾全大局，救助结合"，包含 3 个方面的含义：

1）自救与互救相结合。当被困人员较多，特别是有老、弱、病、残、妇女、儿童在场时，首先要积极主动地帮助他们逃离危险区，有秩序地进行疏散。

2）自救与抢险相结合。火场是千变万化的，如不扑灭火灾，不及时消除险情，就会造成毁灭性灾害，带来更多的人员伤亡，给国家财产造成更大的损失。在能力和条件允许时要发扬自我牺牲精神，千方百计、奋不顾身地消除险情，延缓灾害发生的时间。

3）当逃生的途径被火灾封死后，要注意保护自己，等待救援人员开辟通道，逃离火灾危险区。

2. 逃生自救的准备

俗话说"有备而无患"，平时要加强火场逃生知识的学习和训练。一是学好火灾逃生的宣传普及知识，提高自我保护意识，掌握火场逃生技巧；二是进行逃生技能的应用训练，熟悉掌握逃生救生的本领。火场逃生自救的准备工作如下：

（1）熟悉所处的环境。了解和熟悉经常或临时所处建筑物的消防安全环境。对于经常工作或者居住的建筑物，要熟悉逃生的出口的位置、逃生路线以及逃生方法。当进入不熟悉的环境，如商场、歌舞厅，应留心查看太平门、楼梯、安全出口的位置，以及灭火器、消火栓、报警器的位置，以便发生火灾时能及时逃出危险区或将初起火灾及时扑灭，并在被围困的情况下及时向外报警求救。

（2）要克服惊慌的心理状态，谨防心理崩溃。许多火灾遇难者大多是"先亡于心、后亡于身"的，这就要求我们具备良好的心理素质，遇险要沉着冷静。

（3）新建民用和高层建筑，特别是地下工程、商场、宾馆、旅店、影剧院、歌舞厅和高层民用住宅以及劳动密集型工厂等，按国家防火技术规范要求，都设置有疏散楼梯、安全通道、火灾自动报警、自动灭火装置等疏散逃生条件。同时还要配备必要的逃生应急器材，如应急灯和各种救生网、袋、梯、绳、垫等。

3. 逃生自救方法

火灾事故现场的情况各不相同，但逃生方法有类似之处，主要关键点：及时报告火警（具体方法如前文所述）；尽量扑救初起火灾；迅速逃离火场，不入险地，不贪财物。

如果火势已经比较大，就不要再尝试灭火，应该迅速逃离危险区域。逃生是争分夺秒的行动，一旦听到报警或意识到自己可能被烟火围困，生命受到威胁时，千万不要迟疑，要立即跑出房间，设法脱险，切不可贻误逃生良机。在火场中，人的生命最重要，不要因为害羞或顾及贵重物品，把宝贵的逃生时间浪费在穿衣服或寻找、拿取贵重物品上。已逃离火场的人，更不要重返险地。火灾初期烟少火小，当被困在燃烧范围还不大的楼梯或房间时，要果断、快速淋湿全身，头顶湿麻袋或湿棉被从火海中冲出。

逃离时要随手关门。无论是起火还是非起火房间，都要人离门关，这样可以控制火势和延长逃生时间。

火场逃生自救主要方法如下：

（1）选择简便、安全的通道。平时要留心作业场所、居住地或临时住所的疏散通道、安全出口、楼梯和太平门等的方位，入住旅馆时最好按照门后的疏散路线图走一遍。发生火灾后，应根据火势情况，优先选择最简便、最安全的通道和疏散设施。如楼房着火时，首先选择安全疏散楼梯、室外疏散楼梯、普通楼梯、消防电梯等，尤其是防烟楼梯、室外疏散楼梯更安全可靠，防烟楼梯间装有防排烟设施可以防止有害烟气的侵入。不能利用普通电梯，因为电梯井连接各楼层，很容易成为烟、热、火的通道，造成有毒气体的侵入和电梯变形。

（2）采用简便的防烟措施。"是火三分烟，是烟三分毒"，烟气是火灾中的蒙面杀手，火场中的烟气多含有大量的二氧化碳、一氧化碳、硫化氢等，吸入这些有毒烟气后就可能有生命危险。事实证明，火灾事故中死亡的大部分人往往并非直接被火烧死，而是被火灾中产生和扩散的浓烟熏晕或熏死，丧失脱险机会。而逃生人员多数情况下又都要经过充满烟雾的路线，才能离开危险区域，若浓烟呛得人透不过气来，可利用防毒面具、湿毛巾多层折叠或湿口罩捂住口鼻，无水时干毛巾、干口罩也可以，应半蹲或匍匐前进，以呼吸残留地面的尚未污染的新鲜空气，赢得宝贵的逃生时间。

（3）利用救生绳索等救生器材逃生。如果出口被火封死，也不要慌张，要沉着、冷静才能化险为夷。可利用救生背带、救生软梯、救生袋等救生器材逃生。也可用结实的绳子，或将窗帘、床单、被褥和布匹等撕成条、拧成绳，用水沾湿，然后将其拴在牢固的暖气管道、窗框、床架上；或者利用楼房的落水管道，但要注意下面的水管是否已被火烘烤、烧断，以免因水管烫手、中途脱手而坠楼身亡。被困人员可顺绳或管道慢滑到地面或下面的非起火楼层，在到达下面非起火楼层后可击碎玻璃进入，脱离险境。

（4）跳楼逃生。如果被火困在三层以下楼层，烟火紧逼、时间紧迫、又无其他逃生办法，也得不到他人救助时，才可以跳楼逃生。当然，不到万不得已，切勿选择跳楼逃生。如果消防队员准备好了救生气垫，要四肢伸展，对准垫中央跳下；如果没有气垫，在跳楼之前，可将床垫、软沙发、被子等物先行扔下，再在身上包上棉絮等软物，然后手扶窗台往下滑，以缩小跳落高度，并保证双脚首先着落在抛下的棉被、地毯或床垫上，切不可头或腰等部位先着地。

（5）躲避到避难间，等待救援。如果以上主动的求生措施都无法实施的话，切不可恐慌，可以采取避难措施。暂时无法疏散到地面的人员，行动不便的人员，可以先躲避到建筑物内的避难层、避难间内或天台（屋顶平台），那里的建筑材料耐火等级高，有良好的通风换气设施，能够为消防队员的营救争取一些时间。如果建筑物内无避难间或自己无法到达避难间，比如发现火灾较晚，开门前要用手先试一下门把手及门体是否灼热，如果灼热，这说明外面已是一片火海；如果不觉得热，可用身体和脚抵住房门，小心地将门开一条缝，观察门外火情。若烟雾弥漫，热气由门缝进入，感觉灼热难耐或用手伸到门外上方感到热气逼人，应立即关闭房门，向房门泼水，并用撕碎的湿棉被、床单、毛巾等物品封住房门漏烟部位，不停地用水淋湿房门，弄湿房间的一切东西包括地面，以暂阻火势蔓延进屋。记住要关闭迎烟火的门窗，打开背烟火的门窗进行呼吸，尽力赢得救援时间。

（6）积极向外界呼喊联系。如果房间有电话且可以使用要及时报告自己的方位；

无电话，要大声呼救。卧着比站着呼吸效果要好，可以防止浓烟的危害，不至于被烟呛而无法呼吸。如果声音实在不易被听到，白天可以挥动鲜艳的衣衫、毛巾等，晚上可用点燃的物品、手电等发光物，传达出呼救信号。另外，可以采用向楼下扔花盆、水壶等声响大（防止伤人）或引人注意的东西，或敲打一些可产生较大声响的金属物品等办法，以引起救援人员注意。

（7）人体着火的处理方法。在逃生或避难的过程中，很可能会有人不慎引火烧身。身上着了火，既不能跑，也不要拍打，因为奔跑加速了空气的流动，使身上的火越烧越烈；用手拍打一是会灼伤手，二是会搅动空气，助长火势。此外，狂奔乱跑势必会把火种带到别处，有可能引起新的着火点。

身上着火，一般是先烧着衣服、帽子，这时最重要的是先设法把衣帽脱去，如果来不及，可把衣服猛撕扔掉。如果衣服在身上烧，不仅会使人烧伤，而且会给以后的抢救治疗带来困难。特别是化纤服装，受高温熔融后会与皮肉粘连，而且还有毒性，会使伤口更加恶化。

身上着火，如果来不及脱衣服，可以卧倒在地上打滚，把身上的火苗压灭。其他人施救，可以用湿麻袋、棉被、毛毯等把身上着火的人包起来，使火熄灭，或者向着火人身上浇水，帮助他把烧着的衣服撕下来。但是，切不要用灭火器直接向着火人身上喷，因为灭火器内的药剂会使伤口感染。

如果身上火势较大，来不及脱衣，旁边又无人帮助灭火的话，也可尽快跳入附近的池塘、水池、小河中，但是要注意水深不至于被淹致命。虽然这样做对以后的烧伤治疗不利，但是至少可以减轻烧伤程度和减小烧伤面积。

第三节　危险化学品事故避灾自救措施

一、危险化学品泄漏事故的避灾自救

危险化学品泄漏事故的应急处理过程一般包括报警、紧急疏散、避灾自救等。

1. 报警

及时与正确的事故报警是及时实施应急救援措施的关键。当发生突发性危险化学品泄漏或火灾爆炸事故时，事故单位或现场人员，除了积极组织自救外，必须及时将事故向有关部门报告。

（1）报警系统。危险化学品事故现场报警与反应系统如图5—1所示。

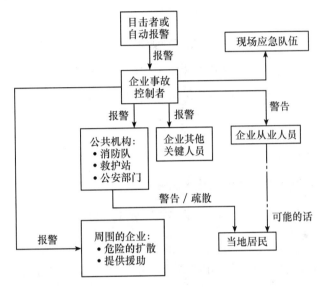

图5—1 危险化学品事故现场报警与反应系统

（2）报警内容：事故时间、地点及单位；化学品名称和泄漏量；事故性质；危险程度及有无人员伤亡；报警人姓名及联系电话等。

（3）警报装置。警报装置的设置，目的在于警告附近人员避免泄漏物质的危害，必要时要能启动处理程序，通知应急指挥中心，处理泄漏事故，并能进一步通知附近居民，作好必要的准备工作。

（4）警报器的警告信息要能传递给相关人员，信息可用听觉或视觉传递方式。一般而言，启动警报装置后，警报装置应该持续发出警报，除非紧急状况解除。再者是否需要有侦测系统、自动警报装置等其他类型警报装置，是否需要联机到控制室、整个装置区甚至工业园区，应视企业情况而定，也应参考相关规定办理。

2. 紧急疏散

应根据事故情况，建立警戒区域，并迅速将警戒区内与事故处理无关人员紧急疏散。

（1）建立警戒区域。事故发生后，应根据化学品泄漏的扩散情况或火焰辐射热所涉及的范围建立警戒区域，并在通往事故现场的主要干道上实行交通管制。建立警戒区域时应注意以下几点：

1）警戒区域的边界应设警示标志，并有专人警戒；

2）除消防及应急处理人员外，其他人员禁止进入警戒区域；

3）泄漏溢出的化学品为易燃品时，区域内应严禁火种。

（2）紧急疏散。紧急疏散时的注意事项如下：

1）如泄漏物质有毒，需要佩戴个体防护用品或采取简单有效的防护措施；

2）应向上侧风方向转移，明确专人引导和护送疏散人员到安全区域，并在疏散或撤离的路线上设立哨位，指明方向；

3）不要在低洼处滞留；

4）要查清是否有人留在污染或着火区域；

5）为使疏散工作顺利进行，每个生产车间应至少有两个畅通无阻的紧急出口，并有明显疏散标志。

（3）洗消。洗消的对象：轻度中毒人员；重度中毒人员在送医院治疗之前；现场医务人员；消防和其他抢险人员及群众互救人员；抢救及染毒器具等。

洗消应使用相应的洗消药剂，洗消污水的排放必须经过环保部门的检测，以防造成次生灾害。

（4）救治。迅速拨打"120"，将中毒人员及早送医院救治。中毒人员在等待救援时，应保持平静，避免剧烈运动，以免加重心肺负担致使病情恶化。

3. 避灾自救

大量事故案例表明，凡是特大、重大危险化学品事故，多数是有毒有害气体的意外泄漏。毒物的意外泄漏可能导致产生的有毒气体、爆炸产生的超压冲击波和火灾的连锁反应，对广大人民群众生命安全带来很大的威胁。如果人们能够熟悉化学物质的毒性和危险性，判断泄漏量和蒸发范围，掌握事故现场的气象、地形条件，果断采取正确的逃生方法，可以有效逃生自救，避免或减少人员伤亡。

毒物泄漏事故危害的避灾自救方法主要包括以下几个方面：

（1）熟悉事故前的征兆，并掌握堵漏措施。设备设施故障，管道泄漏，有异常的气味，可燃气体报警器、压力报警器等发出警报等。

（2）自身防护。有毒有害气体主要从人体呼吸道进入导致中毒，那么控制事故对生命和健康产生影响的浓度和对人类的最低致死浓度显得特别重要，具体措施包括：在防护条件下，实施关闭阀门或堵漏手段，启动应急通信设备；及时排除或降低现场毒物的浓度，为逃生创造机会；立即用湿毛巾或多层纱布捂住口鼻，迅速撤离至安全区域，有条件时应戴上防毒口罩或防毒面具。空气中有毒有害气体浓度较高时，应佩戴防毒面具；紧急事态抢救或逃生时，应佩戴自给式呼吸器。

除了呼吸防护，还应做好身体防护：尽可能戴上手套，穿紧袖工作服、长筒胶鞋或穿上雨衣、雨鞋等或用衣物遮住裸露的皮肤，如已配备防化服等防护装备，要及时穿戴；尽可能戴上各种防毒眼镜、防护镜等；污染区及周边区域的食品和水源不可随便公用，须检测无害后方可食用。

（3）疏散距离。应判明化学物质泄漏的地点、毒气飘散的方向，如果殃及自身安全时，应立即向安全区域疏散。毒物在空气中扩散时，一般从发生地点顺风向呈喇叭状扩散，浓度由高到低变化。

正确的疏散方向应该选择从自身位置向侧风方向（即与风向垂直方向）撤离，可以使自己用最短的时间逃离有毒有害气体危害区域，减少滞留时间和减轻伤害程度。事故发生后，周边人群的疏散距离十分重要，原则要求是要保证相对安全又不能无限扩大。

确定疏散距离时，还要注意以下问题：

1）紧急隔离带是以紧急隔离距离为半径的圆，非事故处理人员不得靠近。

2）下风向疏散距离是指必须采取保护措施的范围，即该范围内的居民处于有害接触的危险之中。根据泄漏危险化学品的毒性，可以采取撤离、密闭住所窗户等有效的措施，并保持通信畅通，以听从指挥。

3）由于夜间气象条件对毒云的混合作用要比白天小，毒气不易散开，因而疏散距离要比白天远。

4）白天气温逆转或在有雪覆盖的地区，或者日落前发生泄漏，如伴有稳定的风，也需增加疏散距离。因为这类气象条件下，毒云不易被稀释，会顺风向下飘得很远。

5）如果液态化学品泄漏，泄漏的物料温度或室外温度超过 30℃，疏散距离也应增加。

（4）隐蔽防护。许多有毒有害气体具有易燃易爆的特性，在毒物泄漏时极易混合爆炸，产生超高压冲击波，可能会导致房屋破坏、甚至户外人员耳朵鼓膜破裂。当事故初期如听到泄漏气体"尖叫"声或感觉到设备摇晃不止时，要警惕爆炸先兆，附近人员应利用地形、大型物品或坚固建筑物就近隐蔽防护，方法是背向爆心卧倒、头夹于两臂之间、双手交叉后脑部、两腿并拢夹紧、双肘前伸支起、闭口闭眼憋气、胸部离开地面，并要注意重点保护头部。

（5）火场逃生。有毒有害气体泄漏常伴随有大火，人们在防毒时也要学会防火。其安全逃生要点可以参考火灾事故的避灾自救。

二、危险化学品火灾扑救

危险化学品容易发生着火、爆炸事故，不同的危险化学品在不同的情况下发生火灾时，其扑救方法差异很大，若处置不当，不仅不能有效地扑灭火灾，反而会使险情进一步扩大，造成不应有的人员伤亡或财产损失。由于危险化学品本身及其燃烧产物大多具有较强的毒害性和腐蚀性，极易造成人员中毒、灼伤等伤亡事故，因此扑救危险化学品火灾是一项极其重要又非常艰巨和危险的工作。

从事危险化学品生产、经营、储存运输、装卸、包装、使用的人员和处置废弃危险化学品的人员以及消防、救护人员，平时应熟悉和掌握相关物品的主要危险特性及其相应的灭火方法。

1. 扑灭危险化学品火灾的总要求

（1）先控制，后消灭。针对危险化学品火灾的火势发展蔓延快和燃烧面积大的特点，积极采取"统一指挥、以快制快，堵截火势防止蔓延，重点突破，排除险情，分割包围、速战速决"的灭火战术。

（2）扑救人员应占领上风或侧风位置，以免遭受有毒有害气体的侵害。

（3）进行火情侦察、火灾扑救及组织疏散等人员应有针对性地采取自我防护措施，如佩戴防护面具，穿戴专用防护服等。

（4）应迅速查明燃烧范围、燃烧物品及其周围物品的品名和主要危险特性、火势蔓延的主要途径。

（5）正确选择最适用的灭火剂和灭火方法。火势较大时，应先堵截火势蔓延，控制燃烧范围，然后逐步扑灭火势。

（6）对有可能发生爆炸、破裂、喷溅等特别危险需紧急撤退的情况，应按照统一的信号和方法及时撤退（撤退信号应格外醒目，能使现场所有人员都看到或听到，并经常预先演练）。

（7）火灾扑灭后，起火单位应当保护现场，接受事故调查，协助消防部门和安全生产监督管理部门调查火灾的原因，核定火灾损失，查明火灾责任，未经同意，不得擅自清理火灾现场。

2. 不同种类危险化学品火灾的扑救方法

扑救危险化学品火灾决不可盲目行事，应针对每一类化学品，选择正确的灭火剂和合适的灭火器材来安全地控制火灾，一般来说，危险化学品火灾的扑救应由专业消防队来进行。

（1）扑救压缩或液化气体火灾的基本对策。一般情况下，压缩或液化气体是储存在钢瓶中，或者通过管道输送。其中钢瓶内气体压力较高，受热或被火焰烧烤时容易爆裂。大量气体泄出或燃烧爆炸，会使人体中毒，危险性较大。另外，如果气体泄出后遇火源已形成稳定燃烧时，其危险性比气体泄出未燃时危险性要小得多。

针对以上特点，此类火灾扑救要点如下：

1）扑救气体火灾切忌盲目扑灭。在没有采取堵漏措施的情况下，必须保持其稳定燃烧。否则，可燃气体泄漏出来与空气混合，遇火源发生爆炸，后果更为严重。

2）灭火时要先积极抢救受伤及被困人员，并扑灭火场外围的可燃物火势，切断火势蔓延途径，控制燃烧范围。

3）如果火场中有受到火焰辐射热威胁的压力容器，能疏散的应尽量在水枪的掩护下疏散到安全地带，不能疏散的应部署足够的水枪进行冷却保护。为了防止容器爆裂伤人，进行冷却应采取低姿射水或利用坚实的掩蔽体防护，对卧式的储罐，应选择储罐侧角作为射水阵地。

4）如果是输气管道泄漏着火，应设法找到气源阀门。确认阀门完好的，应关闭阀门，火焰将自动熄灭。储罐或管道泄漏阀门无效时，应根据火势判断气体压力和泄漏口的大小及位置，准备好相应的堵漏材料（如：软木塞、橡皮塞、气囊塞、黏合剂、弯管工具等）。堵漏工作准备就绪后，可采取有效措施灭火，火被扑灭后，应立即用堵漏材料进行堵漏，同时用雾状水稀释和驱散泄漏出来的气体。

5）如果确认无法截断泄漏气源，如泄漏口很大，根本无法堵住，这时可采取措施冷却着火容器及周围容器和可燃物，或将周围容器和可燃物撤离火场以控制着火范围，直到燃气燃尽，火焰就会自动熄灭。

6）现场指挥应密切注意各种危险征兆，当发现有容器爆裂危险时，及时做出正确判断，下达撤退命令并组织现场人员尽快撤离。现场人员看到或听到事先规定的撤退信号后，应迅速撤退至安全地带。

（2）易燃液体火灾的扑救要点。易燃液体通常也是储存在容器内或用管道输送，但一般都是常压状态，有些还是敞口的，只有反应釜（锅、炉等）及输送管道内的液体压力较高。易燃液体无论是否着火，如果泄漏或溢出，都将沿着地面（或水面）流淌飘散，因此易燃液体火灾还有着火液体相对重量和水溶性等涉及能否用水或普通泡沫灭火剂扑救等问题，以及是否可能发生危险性很大的沸溢和喷溅问题。

针对以上特点，扑救易燃液体火灾一般采取以下基本对策：

1）首先应该切断火势蔓延途径，冷却和疏散受火势威胁的压力及密闭容器和可燃物，控制燃烧范围，并积极抢救受伤及被困人员。一方面着火容器、设备有管道与外界相通的，要截断其与外界的联系；另一方面如果有液体泄漏应堵漏或者在外围修防火堤。

2）及时了解和掌握着火液体的品名、密度、水溶性，以及有无毒害、腐蚀、沸溢、喷溅等危险性；还应正确判断着火面积，以便采取相应的灭火和防护措施。

（3）毒害品、腐蚀品火灾的扑救要点。此类物品对人体都有一定危害，毒害品主要经口、呼吸道或皮肤使人体中毒，腐蚀品是通过皮肤接触灼伤人体，所以在扑救此类火灾时要特别注意对人体的保护。

1）灭火人员必须穿着防护服，佩戴防护面具。一般情况下穿着全身防护服即可，对有特殊要求的物品，应穿着专用防护服。在扑救毒害品火灾时，最好使用隔绝式氧气或空气面具。

2）限制燃烧范围，毒害品、腐蚀品火灾极易造成人员伤亡，灭火人员在采取防护措施后，应立即投入抢救受伤和被困人员的工作中，以减少人员伤害。

3）扑救时应尽量使用低压水流或雾状水，避免毒害品和腐蚀品溅出。遇酸类或碱类腐蚀品，最好配制相应的中和剂进行中和。

4）遇毒害品和腐蚀品容器设备或管道泄漏，在扑灭火势后应采取堵漏措施。腐蚀品需用防腐材料堵漏。

5）浓硫酸遇水能放出大量的热，会导致沸腾飞溅，需要特别注意防护。扑救有浓硫酸的火灾时，如果浓硫酸数量不多，可用大量低压水快速扑救；如果浓硫酸数量很大，应先用二氧化碳、干粉、卤代烷等灭火，然后迅速将浓硫酸与着火物品分开。

因为绝大部分有机毒害品都是可燃物，且燃烧时能产生大量的有毒或剧毒的气体，所以，做好毒害品着火时的应急灭火措施十分重要。在一般情况下，如果是液体毒害品，可根据液体的性质（有无水溶性和相对密度的大小）选用抗溶性泡沫或机械泡沫及化学泡沫灭火，或用沙土、干粉、石粉等措施。

腐蚀品着火，一般可用雾状水或干沙、泡沫、干粉等扑救，不宜用高压水，以防酸液四溅，伤害扑救人员；硫酸、卤化物、强碱等遇水发热、分解或遇水产生强酸性、强碱性烟雾的物品着火时，不能用水施救，可用干沙、泡沫、干粉等扑救。灭火人员要注意防腐蚀、防毒气，应戴防毒口罩、防毒眼镜或防毒面具，穿橡胶雨衣和长筒胶鞋，戴防腐蚀手套等。灭火时人应站在上风处，发现中毒者，应立即送往医院抢救，并说明中毒品的品名，以便医生对症准确、及时救治。

（4）易燃固体、自燃物品火灾的扑救要点。相对于其他危险化学品而言，易燃固体、自燃物品火灾的扑救较为容易，一般都能用水和泡沫扑救，只要控制住燃烧的范围，逐步灭火即可。

1）易燃固体。易燃固体着火时绝大多数可以用水扑救，尤其是湿的爆炸品和通过摩擦可能起火或促成起火的固体以及丙类易燃固体等均可用水扑救，对就近可取的泡沫灭火器，二氧化碳、干粉等灭火器也可用来应急。对脂肪族偶氮化合物、芳香族硫代酰肼化合物，亚硝基类化合物和重氮盐类化合物等自然反应物质（如偶氮二异丁腈、苯磺酰肼等），由于此类物质燃烧时不需要外部空气中氧的参与，所以着火时不可用窒息法，最好用大量的水冷却灭火。镁粉、铝粉、钛粉、锆粉等金属元素的粉末类火灾，不可用水也不可用二氧化碳等施救。因为这类物质着火时，可产生相当高的温度，高温可使水分子或二氧化碳分子分解，从而引起爆炸或使燃烧更加猛烈，如金属镁燃烧时可产生 2 500℃的高温，将烧着的镁条放在二氧化碳气体中时，镁和二氧化碳中的氧反应生成氧化镁，同时产生无定形的碳。所以，金属元素物质着火不可用水和二氧化碳扑救。由于三硫化四磷、五硫化二磷等磷化物遇水或潮湿空气，可分解产生易燃有毒的硫化氢气体，所以也不可用水扑救。

2）自燃物品。黄磷可用水施救，且最好浸于水中；潮湿的棉花、油纸、油绸、油布、赛璐珞碎屑等有积热自燃危险的物品着火时一般都可以用水扑救。

但是部分易燃固体、自燃物品除遇空气、水、酸易燃外，而且还具有一定的毒害性，其燃烧产物也大多是剧毒的，如赤磷、黄磷、磷化钙等金属的磷化物本身毒性都很强，其燃烧产物五氧化二磷、遇湿产生的易燃气体磷化氢等都具有剧毒。磷化氢气体有类似大蒜的气味，当空气中含有 0.01 毫克/升时，人体吸入即可引起中毒。所以，在扑救这类易燃固体、自燃物品和遇湿易燃物品火灾时，应特别注意防毒、防腐蚀，要正确佩戴防护用品确保人身安全，具体需要注意的事项如下：

①2，4-二甲基苯甲醚、二硝基萘、萘等能够升华的易燃固体，受热会放出易燃蒸气，能在上层空间与空气形成爆炸性混合物，尤其在室内的有限空间，容易发生爆燃。因此在扑救此类物品火灾时，应注意不能以为明火扑灭即完成灭火工作，而要在扑救过程中不时向燃烧区域上空及周围喷射雾状水，并用水浇灭燃烧区域及周围的所有火源。

②黄磷是自燃点很低，在空气中极易氧化并自燃的物品。扑救黄磷火灾时，首先应切断火势蔓延途径，控制燃烧范围。对着火的黄磷应该用低压水或雾状水扑救，因为高压水流冲击能使黄磷飞溅，导致灾害扩大。已熔融的黄磷流淌时，应该用泥土、沙袋等筑堤阻截并用雾状水冷却。对磷块和冷却后已凝固的黄磷，应该用钳子夹到储水容器中。

③少数易燃固体和自燃物品，如三硫化二磷、铝粉、烷基铝、保险粉等，不能用水和泡沫扑救，应根据具体情况分别处理，一般宜选用干沙和非压力喷射的干粉扑救。

（5）氧化剂和有机过氧化物火灾的扑救要点。从灭火角度讲，氧化剂和有机过氧化物比较复杂，既有固体、液体，也有气体。有些氧化物本身不燃，但遇可燃物品或酸碱能着火或爆炸；有些过氧化物（如过氧化二苯甲酰等）本身就能着火、爆炸，危险性特别大。不同的氧化剂和有机过氧化物物态不同，危险特性不同，适用的灭火剂也不同。因此，扑救此类火灾比较复杂，其扑救要点如下：

1）首先要迅速查明着火的氧化剂和有机过氧化物以及其他燃烧物品的品名、数量、主要危险特性；燃烧范围、火势蔓延途径；能否用水和泡沫扑救等情况。

2）能用水和泡沫扑救时，应尽力切断火势蔓延途径，孤立火区，限制燃烧范围，同时积极抢救受伤及受困人员。

3）不能用水、泡沫和二氧化碳扑救时，应该用干粉扑救，或用水泥、干沙覆盖。用水泥、干沙覆盖时，应先从着火区域四周特别是下风方向或火势主要蔓延方向覆盖起，形成孤立火势的隔离带，然后逐步向着火点逼近。

应该注意的是，由于大多数氧化剂和有机过氧化物遇酸会发生化学反应甚至爆炸，活泼金属过氧化物等一些氧化剂不能用水、泡沫和二氧化碳扑救，因此，专门生产、使用、储存、经营、运输此类物品的单位及场所不要配备酸碱灭火器，对泡沫和二氧化碳灭火剂也要慎用。

（6）爆炸物品火灾的基本对策。爆炸品着火可用水、空气泡沫（高倍数泡沫较好）、二氧化碳、干粉等灭火剂施救，最好的灭火剂是水。因为水能够渗透到爆炸品内部，在爆炸品的结晶表面形成一层可塑性的柔软薄膜，将结晶包围起来使其钝化。爆炸品着火时首要的就是用大量的水进行冷却，禁止用沙土覆盖，也不可用蒸汽和酸碱泡沫灭火剂灭火。房间内或车厢、船舱内着火时要迅速将门窗、厢门、船舱打开，向内射水冷却，万万不可关闭门窗、厢门、舱盖窒息灭火。在火场上要注意利用掩体，可利用墙体、低洼处、树干等掩护，防止人员受伤。

由于有的爆炸品不仅本身有毒，而且燃烧产物也有毒，所以灭火时应注意防毒：有毒爆炸品着火时扑救人员应戴隔绝式氧气或空气呼吸器，以防中毒。这类物品由于内部结构含有爆炸性因素，受摩擦、撞击、震动、高温等外界因素激发，极易发生爆炸，遇到明火更危险。遇爆炸物品火灾时，应该在保证扑救人员安全的前提下，把握以下要点：

1）迅速判断和查明是否具有再次发生爆炸的可能性和危险性，紧紧抓住爆炸后和再次发生爆炸之前的有利时机，采取一切可能的措施，全力制止再次爆炸的发生。

2）切忌用沙或土盖、压爆炸物品，以免增加其爆炸时的威力。

3）如果有疏散可能，人身安全确有可靠保障，应迅速组织力量及时疏散着火区域周围的爆炸物品，使周围形成一个隔离带。

4）扑救爆炸物品堆垛时，水流应采取吊射，避免强力水流直接冲击堆垛，以免堆垛倒塌引起再次爆炸。

5）扑救人员应尽量利用现场的掩蔽体或采取卧式等低姿射水，尽可能采取自我保护措施。

6）如有扑救人员发现有再次发生爆炸的危险时，应立即向现场指挥报告，现场指挥经确认后，应立即下达命令，组织人员撤退。

（7）遇湿易燃物品火灾的扑救要点。遇湿易燃物品着火绝对不可用水和含水的灭火剂施救，二氧化碳、氮气、卤代烷等不含水的灭火剂也是不可用的，因为遇湿易燃物品绝大多数都是碱金属、碱土金属以及这些金属的化合物，它们不仅遇水易燃，而且在燃烧时会产生相当高的温度，在高温下这些物质大部分可与二氧化碳、卤代烷反应。

用四氯化碳与燃烧着的钠接触，会立即生成一团碳雾，使燃烧更加猛烈；氮气不燃、无毒、不含水，但是因为氮能与金属锂直接化合生成氮化锂，氮与金属钙在500℃时可生成氮化钙，因此也不能用来扑灭遇湿易燃物质。从目前研究成果看，遇湿易燃物品着火时最好的灭火剂是偏硼酸三甲酯，用干沙、黄土、干粉、石粉也可以，对金属钾、钠火灾，用干燥的食盐、碱面、石墨、铁粉等效果也很好。

注意金属锂着火时，如用含有二氧化硅的干沙扑救，其燃烧产物氧化锂能与二氧化硅起反应；若用碳酸钠或食盐扑救，其燃烧的高温能使碳酸钠和氯化钠分解放出比锂更危险的钠。故金属锂着火，不可用干沙、碳酸钠干粉和食盐扑救。另外，由于金属铯能与石墨反应生成铯碳化物，故金属铯着火不可用石墨扑救。

通常情况下遇湿易燃物品火灾的扑救要点如下：

1）首先要了解：遇湿易燃物品的品名、数量；是否与其他物品混存；燃烧范围及火势蔓延途径等。

2）如果只有极少量（一般在50克以内）遇湿易燃物品着火，则无论是否与其他物品混存，仍可以用大量水或泡沫扑救。水或泡沫刚一接触着火物品时，瞬间可能会使火势增大，但少量物品燃尽后，火势就会减小或熄灭。

3）如果遇湿易燃物品数量较多，而且未与其他物品混存，则绝对禁止用水、泡沫、酸碱等湿性灭火剂扑救，而应该用干粉、二氧化碳、卤代烷扑救。固体遇湿易燃物品应该用水泥（最常用）、干沙、干粉、硅藻土及蛭石等覆盖，对遇湿易燃物品中的粉尘如镁粉、铝粉等，切忌喷射有压力的灭火剂，以防将粉尘吹扬起来，与空气形成爆炸性混合物而导致爆炸。

4）如遇有较多的遇湿易燃物品与其他物品混存，则应先查明是哪类物品着火，遇湿易燃物品的包装是否损坏。如果可以确认遇湿易燃物品尚未着火，包装也未损坏，应立即用大量水或泡沫扑救，扑灭火势后立即组织力量将遇湿易燃物品疏散到安全地点。如果确认遇湿易燃物品已经着火或包装已经损坏，则应禁止用水或湿性灭火剂扑救，若是液体应该用干粉等灭火剂扑救；若是固体应该用水泥、干沙扑救；如遇钾、钠、铝、镁等轻金属火灾，最好用石墨粉、氯化钠以及专用的轻金属灭火剂扑救。

5）如果其他物品火灾威胁到相邻的较多遇湿易燃物品，应考虑其防护问题。可先用油布、塑料布或其他防水布将其遮盖，然后在上面盖上棉被并淋水，也可以考虑筑防水堤等措施。

3. 危险化学品火灾扑救安全注意事项

（1）一般来讲，扑救化学品火灾时，首先应注意以下几点：一是扑救人员不应单独行动；二是事故现场进出口应始终保持清洁和畅通；三是要选择正确的灭火剂和合适的灭火器材；四是灭火时应始终考虑人员的安全。

（2）扑救初期火灾的注意事项：

1）迅速关闭火灾部位的上下游阀门，切断进入火灾事故地点的一切物料。

2）在火灾尚未扩大到不可控制之前，应使用移动式灭火器或现场其他各种消防设施扑灭初起火灾和控制火源。

3）扑救无机毒物中的氰化物、磷、砷和硒的化合物及大部分有机化合物火灾，应尽可能站在上风侧，并戴好氧气呼吸器或空气呼吸器等防毒面具；在火场上如有毒性气体存在时，要特别注意安全，要佩戴防毒面具，与技术人员配合，关闭有毒气体管道的闸门；采取通风的方法，将有毒气体排出室外。遇有这样的火灾除报告火警外，同时还应与急救站联系，以便急救中毒的扑救人员和群众。

（3）为防止火灾危及相邻设施，应注意做好以下防护措施：

1）对周围设施及时采取冷却保护措施；

2）迅速疏散好受火威胁的物资；

3）对于可能造成易燃液体的外流的火灾，可采用沙袋或其他材料筑堤拦截流淌的液体或挖沟导流，将物料导向安全地点；

4）利用毛毡、海草帘堵住下水井、阴井口等处，防止火灾蔓延。

（4）特别注意：

1）扑救危险化学品火灾时决不可盲目行动，应针对每一类化学品，选择正确的灭火剂和灭火方法，以安全控制火灾；

2）危险化学品火灾的扑救，理论上应由专业消防队来进行，其他人员不可盲目行动，待消防队到达后，介绍物料介质，配合扑救；

3）必要时采用堵漏或隔离措施，预防次生灾害的扩大；

4）火势被控制后，仍要派人监护，清理现场，消除余火；

5）应急处理过程要注意原则性，但并非按部就班，而应根据实际情况，灵活处理。

三、危险化学品爆炸事故避灾自救

与普通爆炸和火灾不同，危险化学品爆炸事故的特点是发生突然，扩散迅速，持续时间长，涉及面广，其危害更大。对危险化学品爆炸事故若处理不当，更有可能引发连环爆炸和有害气体蔓延，从而引发二次灾害。

1. 生产装置初期火灾扑救

绝大部分爆炸都是起源于初期火灾，所以在火灾蔓延初期如何扑救就显得特别重要。

当生产装置发生火灾爆炸事故时，在场的操作人员在火灾蔓延初期、火情尚可控制时应迅速采取如下措施：

（1）迅速查清着火部位、着火物及来源，准确关闭所有阀门，切断物料来源及加热源，开启消防设施，进行冷却或隔离，关闭通风装置防止火势蔓延。

（2）压力容器内物料泄漏引起火灾，应切断进料并及时开启泄压阀门，进行紧急排空；为了便于灭火，应将物料排入火炬系统或其他安全部位。

（3）现场当班人员要及时做出是否停车的决定，并及时向调度室报告情况并向消防部门报警。

（4）发生火灾后，应迅速组织人员对装置采取准确的工艺措施，利用现有的消防设施及灭火器材进行灭火。若火势一时难以扑灭，要采取防止火势蔓延的措施，保护要害部位，转移危险物品。

（5）专业消防人员到达火场时，应主动及时地向消防指挥人员介绍情况。

2. 危险化学品爆炸避险自救

一般来说危险化学品爆炸事故先是发生火灾，然后引发爆炸，爆炸形成的冲击波对人形成致命威胁。有资料显示，对于人体而言，冲击波超压为 0.5 个大气压时，人的耳膜破裂，内脏受伤；超压为 1 个大气压时，作用在人体整个躯干的力可达 4 000～5 000 千克，在这么大的冲击力挤压下，人体内脏器官严重损伤，尤其会造成肺、肝、脾破裂，甚至导致人员死亡。发生爆炸后，肺爆震伤较之其他脏器损伤的机会多并且程度重。目前认为，肺爆震伤是在冲击波导致的肺损伤"第一次打击"基础上，由于全身炎症反应综合征，进而引发肺损伤或急性呼吸窘迫综合征，造成肺部的"二次打击"。

肺爆震伤的临床表现迟缓，症状重，持续时间长。有研究显示，患者一般在伤后3～6天出现胸闷气急、呼吸困难、血氧饱和度下降，部分患者进行性加重，需给予呼吸机辅助通气。肺爆震伤导致肺部感染发生率高，在伤后10天左右会出现肺部感染征象，特别是合并烧伤的患者，这部分患者均存在免疫力低下，是并发肺部感染的直接诱因。

（1）爆炸冲击波避灾自救：

1）躲避。爆炸发生时，先不要急于奔跑，因为爆炸很可能不止一次，如果在未确定安全区域时盲目奔跑，很可能会被第二次爆炸伤害。

2）找掩体。应选择能够有效阻挡、反射或者吸收爆炸冲击波的掩体，如躲藏在土围墙、建筑物、家具等物体背后。

3）躲缺口。缺口是指建筑结构强度最低的地方。爆炸发生时应尽量远离门窗、管道口、沟渠等，减小冲击波带来的伤害。

4）卧倒。背朝冲击波传来的方向迅速卧倒，脸部朝下，头放低，胸腔不要完全趴在地面上，因为沿地面传导的冲击波可能会损伤你的内脏，如果在室内，可就近躲在结实的桌椅下。同时要用衣服等保护脸部和其他暴露皮肤。

5）张口。张大嘴来保持内外耳的压力平衡，以避免强大的爆炸冲击波击穿耳膜引起永久性耳聋。初级爆震性损伤通常表现有鼓膜破裂，在足以引起肺和肠损伤的爆震性损伤中，几乎都有鼓膜破裂的表现，但是带护耳器具的人可以免受其害。

6）防烟防毒。爆炸瞬间屏住呼吸，以低姿势逃生，并用毛巾或衣物捂住口鼻。

7）检查。即便外伤不是很明显的情况下，仍然要到医院接受详细的检查。

（2）爆炸发生后逃生。危险化学品爆炸对人体的危害，除了冲击伤、烧烫伤，各种化学品燃烧后产生的粉末，可能进入呼吸道或口腔；有毒有害气体，会被吸入呼吸道，造成急性中毒等损害；也有可能经皮肤吸收的浓度较高的毒气或粉末会通过皮肤进入人体。因此，遭遇危险化学品爆炸后，周边人群应沉着冷静，尽快撤离事故现场。

1）防护。危险化学品爆炸后，在事故中心区（0～500米）和事故波及区域（500～1 000米）应穿戴轻型防化服。如果救援现场存在氰化物，救援人员应当穿连衣式胶布防毒衣、戴橡胶耐油手套；呼吸道防护可使用空气呼吸器，若可能接触氰化物蒸气，应当佩戴自吸过滤式防毒面具（全面罩）。

每个人在撤离时，最好能穿上长袖衣裤，戴上防护口罩。实际上，每种危险化学品爆炸后产生的危害不同，需要使用的防护口罩种类也不同，如果没有专业防护口罩，家里有防尘口罩，也可以遮蔽一些粉尘的危害。

离开污染区后，应尽快脱掉和身体直接接触的衣物和其他物品，并放入双层塑料袋内。避免在脱受污染的衣服时经过头顶，可以将衣服直接剪开，以免接触眼睛、鼻子和嘴巴。同时，用大量清水冲洗皮肤和头发至少 5 分钟，冲洗过程中应注意保护眼睛。若皮肤或眼睛接触氰化物，应当立即用大量清水或生理盐水冲洗 5 分钟以上。若戴有隐形眼镜且易取下，应当立即取下，困难时可向专业人员请求帮助。应尽快前往医疗机构接受检查并进行专业治疗。

2）确定风向。绕开爆炸中心点，跑到上风向，应顺着上风向往外撤离。另外，不要沿着沟跑，因为大多数有毒气体比空气密度大，会在地势低的位置聚集。

每种危险化学品爆炸后产生的气体量、毒性，加之事故发生的环境如当时当地的风向、风力都不一样，须由专业部门（环境、卫生等部门）做好事故地及周边的空气监测，判断污染物种类、含量后，提供给当地应急指挥中心，才能科学判定安全距离和撤离范围。遭遇危险化学品爆炸事故后，周边居民应注意自己的手机、广播、电视等通信设备，如果政府发出撤离通告，应遵循政府的统一通告，有组织地顺序撤离。

3）衣物着火自救。迅速脱去燃烧的衣服，或就地打滚，或用就近的水源灭火，或用不易燃烧的衣被铺盖灭火。切忌奔跑呼救，以免加重面部和呼吸道损伤。

4）被困废墟自救。如果可能，通过手电筒、敲击管道或墙壁、吹口哨等方式给救援人员发信号。不到万不得已不要大喊，并避免不必要的挪动，以免吸入大量烟尘。

5）及时就医。不同危险化学品爆炸后产生的有毒有害气体，有的有刺激性气味，有的却是无色无味。如果引发爆炸，一定是大剂量的化学品，人体接触后易引起急性的毒性反应。如氰化钠是剧毒物质，即使是吸入或吞入少量氰化钠，也会导致人体出现急性中毒反应，多数在 1 小时内就会出现上呼吸道麻木、头昏头痛、胸闷、呼吸加深加快、脉搏加快等反应。虽然个人体质不同，吸入量不同，但短时间都会出现不适反应。

因此，撤离事故现场后，如果感到口腔、上呼吸道刺痛或麻木、头昏头痛，一定要及时就医。一般来说，危险化学品中毒，包括剧毒的氰化物，都有特效解毒剂，所以一定要寻求专业的医疗救护。

（3）救助。逃至安全区域后，首先要清理状况。大型危险化学品爆炸中，遇到受伤人员应首先进行生命体征的判断，伤势较重的，第一时间呼救，打急救电话"120"，及时送医院救治。伤势较轻的，尽可能选择离爆炸区域较远的医院，一方面把重要的资源让给伤势更重的人，另一方面近处的医院一般会挤满伤员，很难快速得到救治。

（4）饮水安全。在确认爆炸现场排放的污染物完全得到专业处置，不会混入生活水源之前，应该避免饮用管线供应的自来水、地下水，尽量使用救援者提供的应急水源，或者瓶装水。

3. 危险化学品爆炸自救注意事项

（1）切勿恐慌。要按照属地的管理及应急预案，落实专人指挥，明确职责，有序撤离。如果事故现场已有消防人员或专人引导，应听从指挥，并应采取相应的防护措施。

（2）抓紧时间。当现场人员确认无法控制泄漏时，必须当机立断，尽快离开建筑物，切勿使用电梯。不要返回取个人财物或停下来打电话。距离爆炸区较近的人，如果不是应急处置专业人员，一定要第一时间撤离。

（3）警惕掉落物，切勿大喊呼救。如果距离爆炸地较近，在撤离时需要注意提防上文提到的冲击波和可移动物品造成的伤害。尽可能避免在建筑物下方停留，避免冲击波导致的玻璃掉落。如果身边有东西掉落，应立即寻找躲避藏身处。停止掉落时，迅速离开，要留心明显不稳的地板和楼梯。

（4）做好防护。用任何手边的东西（例如密织棉料衣物等）捂住口鼻。

（5）检查周围环境决定是否撤离。处于爆炸地的下风向更加危险，建议撤离到上风向。如果距离爆炸地较远，或者位于海边，早晚的海陆风风向可能完全相反，应立即向盛行风向的垂直方向撤离。

（6）结伴而行，避免踩踏。如果遇到大规模人流撤离，尽量避免汇入其中造成踩踏事件。撤离时建议结伴而行，发生危险（受伤或有坏人）可以互相照应。如有余力可以看一下附近是否有需要帮助的人，提醒或协助一起撤离。注意可能发生的建筑物倒塌事件，可以随身携带一些水和食品，因为爆炸有可能导致水源污染。撤离过程中要互相鼓励，不听谣、不信谣、不传谣。

第四节　矿山事故避灾自救措施

大量事实证明，当矿井发生灾害事故后，井下职工在万分危急的情况下，依靠自己的智慧和力量，积极、正确地采取自救、互救措施，是最大限度地减少事故损失的重要环节。

一、发生事故时在场人员的应急原则

1. 及时报告灾情

在灾害事故发生初期，现场作业人员应尽量了解或判断事故性质、地点和灾害程度，在积极、安全地消除或控制事故的同时，要及时向矿调度室报告灾情，并迅速向事故可能波及区域人员发出警报。在汇报灾情时，要将看到的异常现象（火烟、飞尘等）、听到的异常声响、感觉到的异常冲击如实汇报，不能凭主观想象判定事故性质，以免使接警人造成错觉，影响救灾。

2. 积极消除灾害

灾害事故发生后，处于灾区内以及受威胁区域的人员，应沉着冷静。根据灾情和现场条件，在保证自身安全的前提下，采取积极有效的措施和方法，及时投入现场抢救，将事故消灭在初起阶段或控制在最小范围，最大限度地减少事故造成的损失。在抢救时，必须保持统一的指挥和严密的组织，严禁冒险蛮干和惊慌失措，严禁各行其是和单独行动；要采取防止灾区条件恶化和保障救灾人员安全的措施，特别要提高警惕，避免中毒、窒息、爆炸、触电、二次突出、顶帮二次垮落等再生事故的发生；抢救人员时要做到"三先三后"（即"先抢救生还者，后抢救已死亡者；先抢救伤势较重者，后抢救伤势较轻者；对于窒息或心跳、呼吸停止不久、出血和骨折的伤者，先复苏、止血和固定，然后搬运"）。

3. 安全撤离

当受灾现场不具备事故抢救的条件，或在抢救事故时可能危及人员自身安全时，应由在场负责人或有经验的职工带领下，根据矿井灾害预防和处理计划中规定的撤退路线和当时当地的实际情况，尽量选择安全条件最好、距离最短的路线，迅速撤离危险区域。在撤退时，要服从领导，听从指挥，根据灾情使用防护用品和器具；要发扬团结互助的精神和先人后己的风格，主动承担工作任务，照料好伤员和年老体弱者；遇有溜煤眼、积水区、垮落区等危险地段，应探明情况，谨慎通过。

灾区人员撤出路线选择的正确与否将直接决定自救的成败。

4. 妥善避灾

当灾害事故发生后，避灾路线因冒顶、积水、火灾或有害气体等原因造成阻塞，现场作业人员无法撤退时，或自救器有效工作时间内不能达到安全地点时，应迅速进入避难硐室和灾区较安全地点，或者就近快速构造临时避难硐室，进行自救、互救，努力维持和改善自身生存条件，等待矿山救护队的援救，切忌盲动。

二、灾区避灾的行动准则

1. 选择适宜的避灾地点

应迅速进入预先构筑好的避难硐室或其他安全地点暂时躲避，也可利用工作地点的独头巷道、硐室或两道风门之间的巷道，用现场的材料修建临时避难硐室。

2. 保持良好的精神心理状态

千万不可过分地悲观和忧虑，更不能急躁盲动，冒险乱闯。人员在避难硐室内应静卧，避免不必要的体力消耗和空气消耗，借以延长待救时间。要树立获救脱险的信念，互相鼓励，统一意志，以旺盛的斗志和极大的毅力，克服一切艰难困苦，坚持到安全脱险。

3. 加强安全防护

要密切关注事故的发展和避灾地点及其附近的烟气、风流、顶板、水情、温度的变化。当发现危及人员安全情况时，应就地取材构筑安全防护设施。例如：用支架、木料建防护挡板，防止冒落煤矸进入避难硐室；用衣服、风帐堵住避难硐室的孔隙，或建临时挡风墙、吊挂风帘，防止有害气体涌入。在有毒有害气体浓度超限的环境中避灾时，要坚持使用压风自救装置或自救器。

4. 改善避灾地点的生存条件

如发觉避灾地点条件恶化，可能危及人员安全时，应立即转移到附近的其他安全地点。离开原避难地点后，应在转移行进沿途设置明显指示标记，以便于救护队跟踪寻找。如因条件限制无法转移时，也应积极采取措施，努力改善避灾地点的生存条件，尽量延长生存时间。

5. 积极同救护人员取得联系

应在避难硐室外或所在地点附近，采取写字、遗留物品等方式，设置明显标志，为矿山救护队指示营救目标。在避灾地点，应用呼喊、敲击顶帮或金属物等方式发出求救信号，与救护人员取得联系。如有可能，可寻找电话或其他通信设备，尽快与井上、下领导人通话。

6. 积极配合救护人员的抢救工作

在避灾地点听到救护人员的联络信号，或发现救护人员赶到营救时，要克制自己的情绪，不可慌乱和过分激动，应在可能的条件下给以积极的配合。脱离灾区时，要听从救护人员的安排，保持良好的秩序，并注意自身和他人安全，避免造成意外伤害。

三、矿工在灾区自救、互救的行动准则

（1）因事故造成自己所在地点有毒有害气体浓度增高，可能危及人员生命安全时，必须及时正确地佩戴自救器，并严格制止不佩戴自救器的人员进入灾区工作或通过有窒息危险的区域撤退。撤退时要根据灾害及现场的实际情况，采取不同的对应措施。

（2）在受灾地点或撤退途中，发现受伤人员，只要他们一息尚存，就应组织有经验的职工积极进行抢救，并运送到安全地点。

（3）对于从灾区内营救出来的伤员，应妥善安置到安全地点，并根据伤情，就地取材，及时进行人工呼吸、止血、包扎、骨折临时固定等急救处理。

（4）在现场急救和运送伤员过程中，方法要得当，动作要准确、轻巧，避免伤员扩大伤情和受不必要的痛苦。

（5）在灾区内避灾待救时，所有遇险人员应主动把食物、饮用水交给避灾领导人统一分配，矿灯要有计划地使用。每人应积极完成自己承担的任务，精心照料伤员和其他人员，共同渡过难关，安全脱险。

四、矿山事故避灾自救措施

1. 瓦斯与煤尘爆炸事故时的自救与互救

在矿井下如果感觉到附近空气有颤动的现象发生，有时还发出"咝咝"的空气流动声，一般被认为是瓦斯爆炸前的预兆。井下人员一旦发现这种情况时，要沉着、冷静，采取措施进行自救，具体措施主要有：迅速背向空气颤动的方向，俯卧倒地，面部贴在地面；闭住气暂停呼吸，用毛巾（最好用水浸湿）捂住口鼻，防止把烟气吸入肺部；尽量用衣物盖住身体，尽量减小皮肤暴露面积，以减小烧伤；迅速按规定佩戴好自救器；迅速撤离灾区。爆炸后，要弄清方向，沿着避灾路线，赶快撤退到新鲜风流中；若实在无法安全撤离灾区时，可以在附近找一个（或建一个）避难硐室躲避待救。

（1）掘进工作面瓦斯与煤尘爆炸后矿工的自救互救措施：

1）如果发生小型爆炸，巷道和支架基本未遭破坏，遇险矿工未受直接伤害或受伤不重时，应立即打开随身携带的自救器，迅速撤出受灾巷道到达新鲜风流中。对于附近的伤员，要协助戴好自救器，帮助其撤出危险区。对不能行走的伤员，离新鲜风流30～50米范围内，要设法抬运到新鲜风流中，若距离新鲜风流太远，只能为其佩戴好自救器，不可抬运。撤出灾区后，要立即报告矿调度室。

2）如果发生大型爆炸，巷道遭到破坏，退路被阻，受伤不重时，应佩戴好自救器，尽力疏通巷道，之后尽快撤到新鲜风流中。如果巷道难以疏通，应利用一切可能的条件建立临时避难硐室，等待救助，并有规律地发出呼救信号。对受伤严重的矿工要为其佩戴好自救器，使其静卧待救，并利用压风管道、风筒改善避难地点的生存条件。

（2）工作面瓦斯爆炸后矿工的自救与互救措施：

1）如果进回风巷道没有垮落堵死，通风系统破坏不大，采煤工作面进风侧的人员应迎风撤出灾区，回风侧的人员要迅速佩戴好自救器，尽快进入进风侧。

2）如果爆炸造成严重的塌落冒顶，通风系统被破坏，爆源的进回风侧一氧化碳和有害气体大量积聚时，灾区人员都有发生一氧化碳中毒的可能。因此，在爆炸后，所有人员都要立即佩戴自救器。在进风侧的人员要逆风撤出，在回风侧的人员要设法经最短路线，撤退到新鲜风流中。如果冒顶严重撤不出来时，首先要戴好自救器，并帮助重伤人员在较安全地点待救。并尽可能用木料，风筒等设临时避难场所，并在外悬挂衣物、矿灯等明显标志，在避难场所静卧待救。

（3）爆炸波及区域矿工的自救与互救措施：

1）听到爆炸声或感受空气的颤动现象、看到有浓烟等征兆时，受爆炸波及区的人员不要惊慌，应立即佩戴好自救器，就近报警，有组织地沿避灾路线撤到安全地点。

2）靠近事故地点的人员，一时来不及佩戴自救器时，应俯卧倒地，面部贴在地面，最好是俯于水沟附近，用湿毛巾捂住口鼻，用衣物盖住身体露出部分，躲开冲击波，免受烧伤，并尽量减少呼吸，以防中毒；然后，取下身上的自救器佩戴好。

3）由于自救器防护时间有限，当灾区范围大时，遇险矿工可进入矿井设置的避难硐室，换戴上防护时间较长的自救器退出灾区；或者不换戴自救器，利用硐室中的集体供气装置呼吸，耐心待救。

4）待救期间要随时注意附近情况的变化，发现有危险时应立即转移。在撤退和转移的路线上和躲避地点，都要留有明显标记，并有规律地发出呼救信号。

2. 煤与瓦斯突出时的自救与互救

（1）发现煤与瓦斯突出预兆后现场人员的避灾措施：

1）矿工在采煤工作面发现有煤和瓦斯突出预兆时，要以最快的速度通知作业人员迅速向进风侧撤离。撤离过程中快速打开隔离式自救器并佩用好，迎着新鲜风流继续外撤。如果距离新鲜风流太远时，应首先到避难所或利用压风自救系统进行自救。

2）掘进工作面发现煤和瓦斯突出的预兆时，必须向外迅速撤至防突反向风门之外，然后把防突风门关好，继续外撤。如自救器发生故障或佩用自救器不能安全到达新鲜风流时，应在撤出途中到避难所或利用压风自救系统进行自救，等待救护队援救。

3）注意延期突出：有些矿井，出现了煤与瓦斯突出的某些预兆，但并不立即发生突出。延期突出容易使人产生麻痹心理，危害更大，因此千万不能粗心大意，必须随时提高警惕，遇到煤与瓦斯突出预兆，必须立即撤出，并佩用好自救器，绝不要犹豫不决。

（2）发生煤与瓦斯突出事故后现场人员的避灾措施：

在有煤与瓦斯突出危险的矿井，矿工要把自己的隔离式自救器带在身上，一旦发生煤与瓦斯突出事故，立即打开外壳佩戴好，迅速外撤。

矿工在撤退途中，如果退路被堵，可到矿井专门设置的井下避难所暂避，也可寻找有压缩空气管路或铁风管的巷道、硐室躲避。这时要把管子的螺丝接头卸开，形成正压通风，延长避难时间，并设法与外界保持联系。

3. 矿井火灾事故时的自救与互救

矿值班调度和在现场的区、队、班组长应依照灾害预防和处理计划的规定：将所有可能受火灾威胁地区的人员撤离，并组织人员灭火。电气设备着火时，应首先切断其电源；在切断电源前，只准使用不导电的灭火器材进行灭火。

（1）矿井火灾事故处理原则：

1）控制烟雾的蔓延，不危及井下人员的安全；

2）防止火灾扩大；

3）防止引起瓦斯、煤尘爆炸，防止火风压引起风流逆转而造成危害；

4）保证救灾人员的安全，并有利于抢救遇险人员；

5）创造有利的灭火条件。

（2）井下火灾的常用扑救方法：

1）直接灭火方法。用水、惰性气体灭火器、泡沫灭火器、干粉灭火器、砂子（岩粉）等，在火源附近或离火源一定距离直接扑灭矿井火灾。

2）隔绝方法灭火。隔绝灭火就是在通往火区的所有巷道内构筑防火墙，将风流全部隔断，制止空气的供给，使矿井火灾逐渐自行熄灭。

3）综合方法灭火。先用密闭墙封闭火区，待火区的火部分熄灭和温度降低后，采取措施控制火区，待火势减弱后，再打开密闭墙用直接灭火方法灭火。

（3）注意事项：

1）要尽最大的可能迅速了解或判明事故的性质、地点、范围和事故区域的巷道情况、通风系统、风流及火灾烟气蔓延的速度、方向以及自己所处巷道位置之间的关系，并根据矿井灾害预防和处理计划及现场的实际情况，确定撤退路线和避灾自救的方法。

2）撤退时，任何人无论在任何情况下都不要惊慌、不能狂奔乱跑。应在现场负责人及有经验的老工人带领下有组织地撤退。

3）位于火源进风侧的人员，应迎着新鲜风流撤退。

4）位于火源回风侧的人员或是在撤退途中遇到烟气有中毒危险时，应迅速戴好自救器，尽快通过捷径绕到新鲜风流中去，或在烟气没有到达之前，顺着风流尽快从回风出口撤到安全地点。如果距火源较近而且越过火源没有危险时，也可迅速穿过火区撤到火源的进风侧。

5）如果在自救器有效作用时间内不能安全撤出时，应在设有储存备用自救器的硐室换用自救器后再行撤退，或是寻找有压风管路系统的地点，以压缩空气供呼吸之用。

6）撤退行动既要迅速果断，又要快而不乱。撤退中应靠巷道有联通出口的一侧行进，避免错过脱离危险区的机会，同时还要随时注意观察巷道和风流的变化情况，谨防火风压可能造成的风流逆转。人与人之间要互相照应，互相帮助，团结友爱。

7）如果无论是逆风或顺风撤退，都无法躲避着火巷道或火灾烟气可能造成的危害，则应迅速进入避难硐室；没有避难硐室时应在烟气袭来之前，选择合适的地点就地利用现场条件，快速构筑临时避难硐室，进行避灾自救。

8）逆烟撤退具有很大的危险性，在一般情况下不要这样做。除非是在附近有脱离危险区的通道出口，而且又有脱离危险区的把握，或是只有逆烟撤退才有争取生存的希望时，才采取这种撤退方法。

9）撤退途中，如果有平行并列巷道或交叉巷道时，应靠有平行并列巷道和交叉巷口的一侧撤退，并随时注意这些出口的位置，尽快寻找脱险出路。在烟雾大、视线不清的情况下，要摸着巷道壁前进，以免错过联通出口。

10）当烟雾在巷道里流动时，一般巷道空间的上部烟雾浓度大、温度高、能见度低，对人的危害也严重，而靠近巷道底板情况要好一些，有时巷道底部还有比较新鲜的低温空气流动。为此，在有烟雾的巷道里撤退时，在烟雾不严重的情况下，即使为了加快速度也不应直立奔跑，而应尽量躬身弯腰，低着头快速前进。如烟雾大、视线不清或温度高时，则应尽量贴着巷道底板和巷壁，摸着铁道或管道等爬行撤退。

11）在高温浓烟的巷道撤退还应注意利用巷道内的水浸湿毛巾、衣物或向身上淋水等办法进行降温，或是利用随身物件等遮挡头面部，以防高温烟气的刺激等。

12）在撤退过程中，当发现有发生爆炸的前兆时（当爆炸发生时，巷道内的风流会有短暂的停顿或颤动，应当注意的是这与火风压可能引起的风流逆转的前兆有些相似），有可能的话要立即避开爆炸的正面巷道，进入旁侧巷道，或进入巷道内的躲避硐室；如果情况紧急，应迅速背向爆源，靠巷道的一侧就地顺着巷道爬卧，面部朝下紧贴巷道底板，用双臂护住头面部并尽量减少皮肤的外露部分；如果巷道内有水坑或水沟，则应顺势爬入水中。在爆炸发生的瞬间，要尽力屏住呼吸或是闭气将头面浸入水中，防止吸入爆炸火焰及高温有害气体，同时要以最快的动作戴好自救器。爆炸过后，应稍事观察，待没有异常变化迹象，就要辨明情况和方向，沿着安全避灾路线，尽快离开灾区，转入有新鲜风流的安全地带。

4. 矿井透水事故时自救与互救

发现透水预兆要立即向矿调度室汇报，若是情况紧急，透水即将发生，必须立即发出警报，迅速采取果断措施进行处理，防止透水发生，防止淹井，并及时撤出所有受水害威胁的人员。

（1）透水后现场人员撤退时的注意事项：

1）透水后，应在尽可能的情况下迅速观察和判断透水的地点、水源、涌水量、发生原因、危害程度等情况，根据灾害预防和处理计划中规定的撤退路线，迅速撤退到透水地点以上的水平，而不能进入透水点附近及下方的独头巷道。

2）行进中，应靠近巷道一侧，抓牢支架或其他固定物体，尽量避开压力水头和泄水流，并注意防止被水中滚动的矸石和木料撞伤。

3）如透水后破坏了巷道中的照明和路标，迷失行进方向时，遇险人员应朝着有风流通过的上山巷道方向撤退。

4）在撤退沿途和所经过的巷道交叉口，应留设指示行进方向的明显标志，以提示救护人员的注意。

5）如唯一的出口被水封堵而无法撤退时，应有组织地在独头工作面躲避，等待救护人员的营救。严禁盲目潜水逃生等冒险行为。

（2）被矿井水灾围困时的避灾自救措施：

1）当现场人员被涌水围困无法退出时，应迅速进入预先筑好的避难硐室中避灾，或选择合适地点快速建筑临时避难硐室避灾。迫不得已时，可爬上巷道中高处待救。如系老窑透水，则须在避难硐室外建临时挡墙或吊挂风帘，防止被涌出的有毒有害气体伤害。进入避难硐室前，应在硐室外留设明显标志。

2）在避灾期间，遇险矿工要有良好的精神心理状态，情绪安定、自信乐观、意志坚强。要坚信上级领导一定会组织人员快速营救，坚信在班组长和有经验同事的带领下，一定能克服各种困难、共渡难关、安全脱险。要做好长时间避灾的准备，除轮流担任岗哨观察水情的人员外，其余人员均应静卧，以减少体力和空气消耗。

3）避灾时，应用敲击的方法有规律、间断地发出呼救信号，以利营救人员找到躲避处的位置。

4）被困期间断绝食物后，即使在饥饿难忍的情况下，也应努力克制自己，决不嚼食杂物充饥。需要饮用井下水时，应选择适宜的水源，并用纱布或衣服过滤。

5）长时间被困在井下，发觉救护人员赶到营救时，避灾人员不可过度兴奋和慌乱。得救后，不可吃硬质和过量的食物，要避开强烈的光线，以防发生意外。

（3）水害发生后自救应注意的事项：

1）撤离时要服从命令，不可慌乱，要注意往高处走，并沿预定的避灾路线出井。

2）位于透水点下方的工作人员，撤离时遇到水势很猛和很高的水头时，要尽力屏住呼吸，用手拽住管道等物，防止呛水和溺水，奋勇用力闯过水头，借助巷道壁及其他物体，迅速撤往安全地点。

3）当外出道路已被水阻隔，无法撤出时，应选择地势最高、离井筒或大巷最近的地点，或上山独头巷道暂时躲避。被堵在上山独头巷道内的人员，要有长时间被堵的思想准备，要节约使用矿灯和食品，有规律地敲打金属器具，发出求救信号。同时要发扬团结互助的精神，共同克服困难，坚信上级会全力营救，是能够安全脱险的。要忍饥静卧，降低消耗，饮水延命，等待救援脱险。

4）若透水来自老空、老窑积水，因同时会有大量有毒气体涌出，撤离时每人都要迅速戴好自救器，或用湿毛巾掩住口鼻，以防中毒或窒息。

5）撤离途中经过水闸门时，最后的一个人撤出后要立即紧紧关闭水闸门。水泵司机在没有接到救灾指挥部撤离命令前，绝对不准离开工作岗位。

5. 冒顶事故时的自救与互救

（1）一般原则：

1）矿井发生冒顶事故后，矿山救护队的主要任务是抢救遇险人员和恢复通风。

2）在处理冒顶事故之前，矿山救护队应向事故附近地区工作的管理人员和从业人员了解事故发生原因、冒顶地区顶板特性、事故前人员分布位置、瓦斯浓度等，并实地查看周围支架和顶板情况，必要时加固附近支架，保证退路安全畅通。

3）抢救人员时，可用呼喊、敲击的方法听取回应声，或用声响接收式和无线电波接收式寻人仪等装置，判断遇险人员的位置，与遇险人员保持联系，鼓励他们配合抢救工作。对于被堵人员，应在支护好顶板的情况下，用掘小巷、绕道通过冒落区或使用矿山救护轻便支架穿越冒落区接近他们。

4）处理冒顶事故的过程中，矿山救护队始终要有专人检查瓦斯和观察顶板情况，发现异常，立即撤出人员。

5）清理堵塞物时，使用工具要小心，防止伤害遇险人员；遇有大块矸石、木柱、金属网、铁架、铁柱等物压人时，可使用千斤顶、液压起重器、液压剪刀等工具进行处理，绝不可用镐刨、锤砸等方法扒人或破岩。

6）抢救出的遇险人员，要用毯子保温，并迅速运至安全地点进行创伤检查，在现场开展输氧和人工呼吸，止血、包扎等急救处理，危重伤员要尽快送医院治疗。对长期困在井下的人员，不要用灯光照射眼睛，饮食要由医生专业指导。

（2）采煤工作面冒顶时的避灾自救措施：

1）迅速撤退到安全地点。当发现工作地点有即将发生冒顶的征兆，而当时又难以采取措施防止采煤工作面顶板冒落时，最好的避灾措施是迅速离开危险区，撤退到安全地点。

2）遇险时要靠煤帮贴身站立或到木垛处避灾。从采煤工作面发生冒顶的实际情况来看，顶板沿煤壁冒落是很少见的。因此，当发生冒顶来不及撤退到安全地点时，遇险者应靠煤帮贴身站立避灾，但要注意煤壁片帮伤人。另外，冒顶时可能将支柱压断或摧倒，但在一般情况下不可能压垮或推倒质量合格的木垛。因此，如遇险者所在位置靠近木垛时，可撤至木垛处避灾。

3）遇险后立即发出呼救信号。冒顶对人员的伤害主要是砸伤、掩埋或隔堵。冒落基本稳定后，遇险者应立即采用呼叫、敲打（如敲打物料、岩块，可能造成新的冒落时，则不能敲打，只能呼叫）等方法，发出有规律、不间断的呼救信号，以便救护人员和撤出人员了解灾情，组织力量进行抢救。

4）遇险人员要积极配合外部的营救工作。冒顶后被煤矸、物料等埋压的人员，不要惊慌失措，在条件不允许时切忌采用猛烈挣扎的办法脱险，以免造成事故扩大。被冒顶隔堵的人员，应在遇险地点有组织地维护好自身安全，构筑脱险通道，配合外部的营救工作，为提前脱险创造良好条件。

（3）独头巷道迎头冒顶被堵人员避灾自救措施：

1）遇险人员要正视已发生的灾害，切忌惊慌失措，坚信一定会有人在积极组织抢救。应迅速组织起来，主动听从灾区中班组长和有经验职工的指挥，团结协作，尽量减少体力和隔堵区的氧气消耗，有计划地使用水、食物和矿灯等，做好较长时间避灾的准备。

2）如人员被困地点有电话，应立即用电话汇报灾情、遇险人员数和计划采取的避灾自救措施。否则，应采用敲击钢轨、管道和岩石等方法，发出有规律的呼救信号，并每隔一定时间敲击一次，不间断地发出信号，以便营救人员了解灾情，组织力量进行抢救。

3）维护加固冒落地点和人员躲避处的支架，并经常派人检查，以防止冒顶进一步扩大，保障被堵人员避灾时的安全。

4）如人员被困地点有压风管，应打开压风管给被困人员输送新鲜空气，并稀释被困空间的瓦斯浓度，但要注意保暖。

6. 自救器、避难硐室和矿工自救系统

《煤矿安全规程》规定："入井人员必须随身携带自救器"，"在突出煤层采掘工作面附近、爆破时撤离人员集中地点必须设有直通矿调度室的电话，并设置有供给压缩空气设施的避难硐室或压风自救系统。工作面回风系统中有人作业的地点，也应设置压风自救系统"。

（1）自救器及其使用。自救器是一种个人呼吸保障装置。当井下发生火灾、爆炸、煤和瓦斯突出等事故时，井下人员佩戴自救器可有效防止中毒或窒息。

自救器分为过滤式和隔离式两类。隔离式的自救器根据氧气来源不同又分为化学氧自救器和压缩氧自救器。

1）过滤式自救器。用于煤矿井下发生火灾或瓦斯煤尘爆炸时，防止一氧化碳中毒的呼吸保护装置（仅能防护一氧化碳一种气体，对其他毒气不起防护作用）。其适用条件是：灾区空气中的氧浓度不低于18％和一氧化碳浓度不高于1.5％，过滤式自救器只能使用一次，且不能重复使用。

过滤式自救器的使用方法：

①掀开保护罩；

②用拇指掀起红色开启扳手，拉断封印条，扔掉封口袋；

③去掉上外壳，抓住头带取出滤毒罐，丢掉下外壳；

④拉起鼻夹，将口具放入嘴内，使口具片完全含在嘴唇与牙齿之间，牙齿咬住牙垫，紧闭嘴唇；

⑤两手拉开鼻夹，夹在鼻子的两侧，开始用嘴呼吸；

⑥取下矿灯帽，调整好头带，戴上矿灯帽，开始撤出灾区。

使用过滤式自救器时的注意事项：

①在井下工作，当发现有火灾或瓦斯爆炸现象时，必须立即佩戴自救器后撤离现场；

②必须佩戴到安全地带，方能取下自救器，切不可因干热感觉难受而取下自救器鼻夹和口具；

③佩戴自救器撤离时，要匀速行走，保持呼吸均匀，禁止狂奔和取下鼻夹和口具或通过口具讲话；

④在佩用自救器时，因外壳碰瘪，不能取出过滤罐，则带着外壳也能呼吸，为了减轻牙齿的负荷可以用手托住罐体；

⑤佩用自救器时，要求操作准确、迅速，平时要避免摔落、碰撞自救器，也不许当坐垫用，防止漏气失效。

2）隔离式自救器——化学氧自救器。化学氧自救器是利用化学生氧物质产生氧气，供矿工从灾区撤退脱险用的呼吸保护器。它主要用在缺氧或含有有毒气体的环境。化学氧自救器只能使用一次，不能重复使用。

化学氧自救器的使用方法如下：

①扯下保护带；

②用拇指掀起红色扳手，拉断封印条；

③去掉上外壳，抓住头带取出呼吸保护器，丢掉下外壳；

④拔掉口具塞，拉起鼻夹，将口具放在唇齿之间，咬住牙垫，紧闭嘴唇；

⑤向自救器内呼气，使气囊鼓起（有启动环的化学氧自救器，可直接拉启动环，将启动针拉出，气囊会自动鼓起）；

⑥两手拉开鼻夹，夹在鼻子的两侧，开始用嘴呼吸；

⑦取下矿灯帽，调整好头带，戴上矿灯帽，开始撤出灾区。

使用化学氧自救器时的注意事项如下：

①佩戴时，拔掉口具塞，整理气囊，戴好自救器，第一口气向自救器内吹气，然后夹上鼻夹，做快速、短促的呼吸；

②佩戴自救器撤离灾区时，要冷静沉着，步行速度根据情况可稍快或稍慢，但不要过分急跑；

③在逃生过程中，要注意把口具、鼻夹戴好，保持不漏气，禁止取下鼻塞、口具

或通过口具讲话；

④吸气时，感觉比吸外界空气干热一点，属自救器正常工作；

⑤当发现自救器气囊体积瘪而不鼓，渐渐缩小时，表明自救器有效使用时间已接近终点。

3）隔离式自救器——压缩氧自救器。压缩氧自救器是指利用压缩氧气供氧的自救器。每次使用后只需更换新的吸收二氧化碳的氢氧化钙和重新充装氧气即可重复使用。压缩氧自救器主要用于煤矿井下发生缺氧或在有毒有害气体环境下矿工的自身逃生，也可供救护队员在缺氧和有毒有害环境下工作时使用。

压缩氧自救器的使用方法如下：

①携带时应斜挎在肩上。

②使用时先打开外壳封口带扳把。

③打开上盖，然后左手抓住氧气瓶，右手用力向上提上盖，此时氧气瓶开关即自动打开，随后将主机从下壳中拖出。

④摘下帽子，挎上挎带。

⑤拔开口具塞，将口具放入嘴内，牙齿咬住牙垫。

⑥将鼻夹夹在鼻子上，开始呼吸。

⑦在呼吸的同时，按动补给按钮1～2秒，气囊充满后，立即停止。在使用过程中如发现气囊空瘪，供气不足时，可按上述方法操作。

⑧挂上腰口，即可使用。

使用压缩氧自救器时的注意事项如下：

①高压氧气瓶储装20兆帕的氧气，携带过程中要防止撞击、磕碰和摔落，也不许当坐垫使用；

②携带过程中严禁开启扳把；

③佩戴压缩氧自救器撤离时，严禁摘掉口具、鼻夹或通过口具讲话。

自救器的选用原则如下：

①对于流动性较大，可能会遇到各种灾害威胁的人员（测风员、瓦斯检查员等）应选用隔离式自救器；

②就地点而言，在有煤与瓦斯突出矿井或突出区域的采掘工作面和瓦斯矿井的掘进工作面，应选用隔离式自救器（因这些地点发生事故后往往是空气中氧气浓度过低

或一氧化碳浓度过高）；

③其他情况下，可选用过滤式自救器。

（2）避难硐室及其使用。避难硐室是供矿工在遇到事故无法撤退而躲避待救的设施，分永久避难硐室和临时避难硐室两种。

永久避难硐室事先设在井底车场附近或采区工作地点安全出口的路线上，对其要求是：设有与矿调度室直通电话，构筑坚固，净高不低于 2 米，严密不透气或采用正压排风，并备有供避难者呼吸的供气设备（充满氧气的氧气瓶或压气管和减压装置）、隔离式自救器、药品和饮水等。设在采区安全出口路线上的避难硐室，距人员集中工作地点应不超过 500 米，其大小应能容纳采区全体人员。

临时避难硐室是利用独头巷道、硐室或两道风门之间的巷道，由避灾人员临时修建的。所以，应在这些地点事先准备好所需的木板、木桩、黏土、砂子或砖等材料，还应装有带阀门的压气管。若无上述材料时，避灾人员可用衣服和身边现有的材料临时构筑避难硐室，以减少有害气体的侵入。临时避难硐室机动灵活，修筑方便，正确地利用它，往往能发挥很好的救护作用。

在避难硐室内避难时的注意事项：

1）进入避难硐室前，应在硐室外留有衣物、矿灯等明显标志，以便救护队发现；

2）待救时应保持安静，不急躁，尽量俯卧于巷道底部，以保持精力、减少氧气消耗，并避免吸入更多的有毒气体；

3）硐室内只留一盏矿灯照明，其余矿灯全部关闭，以备再次撤退时使用；

4）间断敲打铁器或岩石等发出呼救信号；

5）全体避灾人员要团结互助、坚定信心；

6）被水堵在上山时，不要向下跑出探望。水被排走露出棚顶时，也不要急于出来，以防二氧化碳、硫化氢等气体中毒；

7）看到救护人员后，不要过分激动，以防血管破裂；

8）待救时间过长遇救后，不要过多饮食，避免强光照射，以防损伤消化系统和眼睛。

（3）矿工自救系统。矿工自救系统又称矿工三级生命保障系统，它是集合多级防护手段，保护矿工在有毒有害大气中进行自救和避难脱险的综合性设备，包括：一级工作面应急自救器，它为矿工第一级生命保障自救系统，包括超小型化学氧自救器和

生产安全事故应急救援与自救

小型压缩氧自救器；二级大巷或采煤、掘进工作面的矿工集体供氧和换戴自救器装置，它为矿工第二级生命保障自救系统，包括压风自救装置、化学氧矿工集体供氧器、救护点、移动式压缩气瓶自救装置、集体供氧器；三级井底车场常设救护装备，它为矿工第三级生命保障自救系统，该系统由以下 3 部分组成：

1）在井底车场存放救护装备的硐室，室内存放自救器、其他救护装备、工具及灭火设备；

2）运输救护装备的专用车；

3）隔离式救护安全舱，这种安全舱可安设在不适合人呼吸的巷道中，作为救护队临时救护基地和队员短时间的休息场所，也可把伤员送进舱内抢救。

第六章　生产安全事故现场紧急救护方法

第一节　生产安全事故现场急救概述

生产安全事故现场急救是指在生产经营过程中和工作场所发生事故时，在专业医务人员和救护车未赶到现场前，利用现场的人力、物力，对事故现场伤员的自救与互救，对减轻伤员疼痛、减少伤残率和死亡率有很大的作用。

一、事故现场急救的目的和意义

（1）挽救生命。通过及时有效的急救措施，如对心跳呼吸停止的伤员进行心肺复苏等方法，以挽救生命。

（2）稳定病情。在现场对伤员进行对症医疗支持及相应的特殊治疗与处置，以使病情稳定，为下一步的抢救打下基础。

（3）减少伤残。发生事故特别是重大或特大事故时，不仅可能出现群体性中毒，往往还可能发生各类外伤，诱发潜在的疾病或使原来的某些疾病恶化，现场急救时正确地对伤员进行冲洗、包扎、复位、固定、搬运及其他相应处理可以大大降低伤残率。

（4）减轻痛苦。通过一般及特殊的救护安定伤员情绪，减轻伤员的痛苦。

在生产安全事故发生后，事故应急救援体系能保证事故应急救援组织的及时出动，并有针对性地采取救援措施，对防止事故的进一步扩大，减少人员伤亡和财产损失意义重大。

事故发生后的几分钟、十几分钟，是抢救危重伤员最重要的时刻，医学上称之为"救命的黄金时刻"。在此时间段内，抢救及时、正确，生命有可能被挽救；反之，可能生命丧失或伤情加重。现场及时、正确的救护，能为医院救治伤员创造条件，能最大限度地挽救伤员的生命和减轻伤残。在事故现场，"第一目击者"对伤员实施有效的初步紧急救护措施，以挽救生命，减轻伤残和痛苦。然后，在医疗救护下或运用现代救援服务系统，将伤员迅速送到就近的医疗机构，继续进行救治。

二、事故现场急救的基本原则

现场紧急救护的原则是先救命后治伤，先重伤后轻伤，先抢后救，抢中有救，尽快脱离事故现场；先分类再运送，医护人员以救为主，其他人员以抢为主，各负其责，相互配合，以免延误抢救时机。现场救护人员应注意自身防护。现场急救的基本原则如下：

1. 首先寻找伤员，使伤员脱离险境

迅速脱离险境是抢救的先决条件，特别是可能引起爆炸的火灾现场，应迅速脱离险境以免发生爆炸或有害气体中毒，确保救护者与伤者的安全。事故发生后，首先要迅速果断地切断伤害源，中止其对人体的继续损害。如电击伤时，切断电源（关闭电闸、切断电路、挑开电线），使伤员安全脱离电源。

2. 迅速判断伤员伤情并分类

本着先救命后治伤，先重伤后轻伤的原则，对伤者的生命体征（主要是对意识、呼吸、心跳、血压、瞳孔反应等项指征）和局部伤情（受伤部位和程度、有无活动性出血和骨折等指征）进行检查。在事故的抢救工作中不要因忙乱，或受到干扰，使危重伤员落在最后抢出，因耽误了时间而处在奄奄一息状态，或者已经丧失生命。经验告诉我们，必须先进行伤员伤情分类，把伤员集中到标志相同的救护区，有的伤员需要待稳定伤情后方能运送。

现场急救的三先三后原则：对窒息或心跳、呼吸刚停止不久的伤员，必须先复苏，后搬运；对于出血的伤员，必须先止血，后搬运；对于骨折的伤员，必须先固定，后搬运。

3. 防止或减轻后遗症的发生

实施急救尤其是对有生命危险者、心跳呼吸停止者、出血危及生命的伤员，应争

分夺秒的现场急救，以挽救其生命，并减少事故伤害而引发的后遗症。

4. 安全运送与疏散伤员

运送伤员应根据不同的伤情，头部可适当垫高，减少头部的流血量；昏迷者，可将其头部偏向一侧，以便呕吐物或痰液顺势流出来，不致吸入；对外伤出血处于休克状态的伤员，可将其头部适当放低些；呼吸困难者可采取坐体位，使呼吸更畅通。当把伤员抬到担架上时，动作应该轻柔协调，尽量减少伤员的劳累和痛苦。对于各种外伤伤员，在搬动时要注意对伤处的保护，如骨折的肢体应有专门扶持，脊椎骨折时要使其背部保持平稳；头部颅脑外伤者，要有专人抱头避免晃动。抬担架上下坡时，应当尽量保持水平位置。在转送途中，对于危重伤员应当严密注意其呼吸、脉搏、清理通畅呼吸道。天气寒冷时，应注意伤员的保温，可就地取材，以毛巾、大衣或被子包盖好伤员身体，令其安静休息；如衣服潮湿时，有条件的应尽快换上干衣服。到了医院后，应介绍伤员的伤情以及救治情况，供医生参考。

三、事故现场急救的基本步骤

事故现场急救应按照现场评估、紧急呼救、判断伤情和救护的步骤进行。

1. 现场评估

迅速判断事故现场的基本状况。在意外伤害、突发事件的现场，面对危重伤员，作为"第一目击者"首先要评估现场情况，通过实地感受、眼睛观察、耳朵听声、鼻子闻味来对异常情况做出初步快速判断。

（1）现场巡视：

1）注意现场是否会对救护者或伤员造成伤害；

2）引起伤害的原因，受伤人数，是否仍有生命危险；

3）现场可以利用的人力和物力资源以及需要何种支援、采取的救护行动等。现场巡视必须在数秒内完成。

（2）判断伤情。现场巡视后，针对复杂现场，首先需处理威胁生命的情况，检查伤员的意识、气道、呼吸、循环特征、瞳孔反应等，发现异常，须立即救护并及时呼救或尽快送到附近的医疗部门救治。

2. 紧急呼救

当事故发生，发现了危重伤员，经过现场评估和伤情判断后要立即救护，同时立即向专业急救机构或附近担负院外急救任务的医疗部门、社区卫生单位报告（常用的急救电话为"120"），由急救机构立即派出专业救护人员、救护车至现场抢救。

（1）救护启动。救护启动称为呼救系统开始。呼救系统的畅通，在国际上被列为抢救危重伤员的"生命链"中的"第一环"。有效的呼救系统，对保障危重伤员获得及时救治至关重要。

通常在急救中心配备有经过专门训练的话务员，能够对呼救做出迅速适当应答，并能把电话接到合适的急救机构。城市呼救网络系统的"通讯指挥中心"，应当能接收所有的医疗（包括灾难等意外伤害事故）急救电话，根据伤员所处的位置和伤情，指定就近的急救站去救护伤员。这样可以大大节省时间，提高效率，便于伤员救护和转运。

（2）电话呼救须知。紧急事故发生时，须报警呼救，最常使用的是呼救电话。使用呼救电话时必须要用最精炼、准确、清楚的语言说明伤员目前的情况及严重程度，伤员的人数及存在的危险，需要何类急救。如果不清楚身处位置的话，不要惊慌，因为救护医疗服务系统控制室可以通过地球卫星定位系统追踪拨打报警电话的正确位置。

电话呼救一般应简要清楚地说明的关键点有：报告人电话号码与姓名，伤员姓名、性别、年龄和联系电话；伤员所在的确切地点，尽可能指出附近街道的交汇处或其他显著标志；伤员目前最危重的情况，如昏倒、呼吸困难、大出血等；灾害事故、突发事件时，说明伤害性质、严重程度、伤员的人数；现场所采取的救护措施等。

注意，不要先放下话筒，要确认救护医疗服务系统调度人员已经挂断电话之后再挂断。

（3）单人及多人呼救。在专业急救人员尚未到达时，如果有多人在现场，一名救护人员留在伤员身边开展救护，其他人通知医疗急救部门机构。如意外伤害事故，要分配好救护人员各自的工作，分秒必争、组织有序地实施伤员的寻找、脱险、医疗救护工作。

在伤员心脏骤停的情况下，为挽救生命，抓住"救命的黄金时刻"，可立即进行心肺复苏，然后迅速拨打电话呼救。如有手机在身，则进行1～2分钟心肺复苏后，在抢救间隙中拨打电话呼救。

任何年龄的外伤或呼吸暂停患者，打电话呼救前接受1分钟的心肺复苏是非常必要的。

3. 判断危重伤情

在现场巡视后进行对伤员的最初评估。发现伤员，尤其是处在情况复杂的现场的伤员，救护人员需要首先确认并立即处理威胁生命的情况，检查伤员的意识、气道、呼吸、循环体征等。判断危重伤情的一般步骤和方法如下：

（1）意识。先判断伤员神志是否清醒。在呼唤、轻拍、推动时，伤员会睁眼或有肢体运动等其他反应，表明伤员还有意识；如伤员对上述刺激无反应，则表明意识丧失，已陷入危重状态；伤员突然倒地，然后呼之不应，情况多较为严重。

（2）气道。呼吸必要的条件是保持气道畅通。如伤员有反应但不能说话、不能咳嗽、憋气，可能存在气道梗阻，必须立即检查和清除通畅，如施行侧卧位和清除口腔异物等。

（3）呼吸。正常人每分钟呼吸 12～18 次，危重伤员呼吸变快、变浅乃至不规则，呈叹息状。在气道畅通后，对无反应的伤员进行呼吸检查，如伤员呼吸停止，应保持气道通畅，立即施行人工呼吸。

（4）循环体征。在检查伤员意识、气道、呼吸之后，应对伤员的循环系统进行检查。可以通过检查循环系统的体征如呼吸、咳嗽、运动、皮肤颜色、脉搏情况来进行判断。

（5）瞳孔反应。眼睛的瞳孔又称"瞳仁"，位于黑眼球中央。正常时双眼的瞳孔是等大、圆形的，遇到强光能迅速缩小，很快又回到原状。用手电筒突然照射一下瞳孔即可观察到瞳孔的反应。当伤员脑部受伤、脑出血、严重药物中毒时，瞳孔可能缩小为针尖大小，也可能扩大到黑眼球边缘，对光线不起反应或反应迟钝。有时因为出现脑水肿或脑疝，使双眼瞳孔一大一小。瞳孔的变化能间接表示脑病变的严重性。

当完成现场评估后，再对伤员的头部、颈部、胸部、腹部、盆腔和脊柱、四肢进行检查，看有无开放性损伤、骨折畸形、触痛、肿胀等体征，有助于对伤员的病情进行进一步的判断。

还要注意伤员的总体情况：表情淡漠不语、冷汗口渴、呼吸急促、肢体不能活动等现象为病情危重的表现；对外伤伤员应观察神志不清程度，呼吸次数和强弱，脉搏次数和强弱；注意检查有无活动性出血，如有应立即止血；严重的胸腹部损伤容易引起休克、昏迷甚至死亡。

4. 现场急救

具体现场急救的措施详见下文内容。

第二节 常见外伤急救及心肺复苏技术

一、止血

1. 外伤性出血的判断

一个成人如果急性失血超过人体总重量的 20%，可危及生命。

出血的特征及分类：

（1）动脉出血，色泽鲜红，流速快，呈喷射状；

（2）静脉出血，色泽暗红，流速慢，呈滴血或涌出状；

（3）毛细血管出血，色鲜红，呈渗出状。

2. 止血方法

（1）手指压迫止血法。压迫位置在伤口上方即近心端找到搏动的动脉血管，用手指或手掌把血管压迫在附近的骨头上，使血管变扁，血流受阻，即可止血。适宜于四肢、头面部的止血。

1）头顶部出血，用拇指将伤侧颞动脉压在下颌关节上，如压迫一侧效果不佳，同时再压迫另一侧；

2）面部出血，用拇指压迫颌动脉于下颌角附近的凹陷内；

3）头颈部出血，用拇指压迫一侧颈动脉，切记不能同时压迫两侧颈动脉，以免头部供血中断；

4）肩及上臂出血，用拇指压迫同侧锁骨下动脉；

5）前臂及手掌出血，用拇指压迫同侧肱动脉；

6）下肢出血，两拇指重叠压迫同侧的股动脉。

（2）加压包扎止血法。这是一种直接压迫止血的方法，在伤口上没有异物、骨碎片时，先将干净敷料放在伤口上，再用绷带卷、三角巾或宽布带作加压包扎至伤口不出血为止，适用于静脉或中小动脉出血。加压包扎松紧要适度，止住出血即可。

（3）止血带止血法。经指压止血、加压包扎止血无效时，可采用止血带有效控制出血。止血带可选用橡皮带或橡皮管，也可用绷带或较宽的布条，以绞棒绞紧作止血带用，但禁用细绳和电线等物。缚止血带部位以靠近伤口最近端为宜，以减少缺血范围。在上臂缚止血带应避免绑在中 1/3 处，以免损伤桡神经；在膝和肘关节以下缚止血带一般无止血作用；止血带下加垫 1～2 层布，可以保护皮肤；要松紧合适，以动脉刚好不出血即可；缚止血带的肢体应妥善固定，注意保暖。

使用止血带后，应做出明显标志，记录时间，每隔 40～50 分钟放松一次，每次放松 2～3 分钟，同时用手压住已包扎的伤口，避免伤口再出血。如果使用止血带时间过长，会造成肢体远端缺血、缺氧、组织变性、坏死。如有气性止血带（如血压计袖带）最好，因其压迫面积大且方便，组织损伤小。

（4）加垫屈肢止血法。适用于膝或肘关节以下部位出血，而无骨或关节损伤时。先用一厚棉垫或纱布卷塞在腘窝或肘窝处，屈膝或肘，再用三角巾、绷带或宽皮带进行屈肢加压包扎。

急救止血之后，须争取时间尽早送医院彻底止血。若止血带使用不当，可造成肢体组织缺血、坏死，甚至丧失肢体。

二、包扎

包扎是最常见的外科治疗手段，它可起到保护创面、止血、止痛、减少污染、制动受伤骨或关节、有利伤口愈合等作用，适用于全身各个部位。

包扎常用的材料有：绷带、三角巾等，也可用干净的毛巾、手绢、领带、被单等物品。

1. 包扎前的处理

（1）首先抢救生命，优先解决危及生命的损伤，重视显露伤，同时注意寻找隐蔽的损伤；

（2）充分暴露伤口，必要时可剪开衣裤，应注意避免因脱衣等加重损伤；

（3）对穿出伤口的骨折端，不要还纳，以免损伤附近的血管、神经、肌肉，或将污染带入深部组织，导致感染或继发性骨髓炎；

（4）损伤较大的创口，现场做简单清洁处理，然后迅速送医院彻底清创；

（5）较深的伤口或虫、犬等咬伤，可用双氧水冲洗伤口后包扎。

2. 包扎方法

（1）绷带卷包扎。可采用环行（适用于小伤口）、螺旋形（适用于创面大的伤口）、横"8"形（适用于锁骨骨折）等包扎方法。

（2）三角巾或宽布带包扎。依受伤部位可直接包扎，也可折叠成带状包扎，应注意角要拉紧边要固定，先放敷料，敷料大小要超过伤口5～10厘米，打结时要避开伤口。三角巾或宽布带包扎适用于身体各部位，尤其常用于肢体、躯干等处，需根据受伤部位的不同选择环形、螺旋形、蛇形、"8"字形等方法。

3. 各部位伤的包扎

（1）头颈部创伤。头颈部创伤是各种事故现场常见的急诊，常以软组织、血管、骨折等合并伤出现，应迅速进行现场治疗。

开放性的颅脑损伤，要迅速进行止血、包扎。脑组织膨出者，可在现场用较厚的消毒敷料做成圈，以保护脑组织，然后再盖上敷料进行包扎，如图6—1所示，同时要严密观察伤者的神志、瞳孔、呼吸等变化。

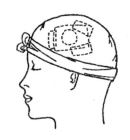

图6—1 头顶部创伤包扎示意图

颈部受伤的包扎，可将健侧的手放在头顶上，以上臂做支架，或以健侧腋下做支架，再以绷带卷或三角巾进行包扎。切不可绕颈做加压包扎，以免压迫气管和对侧颈动脉。

（2）胸腹部创伤

1）血气胸：胸部受伤后，伤员逐渐出现呼吸困难、不能平卧、面唇紫绀。如体检发现气管移位、患侧呼吸音低、叩诊呈高清音时，应立即在伤者第2肋间隙下肋骨上缘锁骨中残处骨作胸腔穿刺抽气。

如有伤口，发现有气体溢出，应立即用油纱布或厚敷料在伤员呼气末时压住伤口，再作加压包扎。

如有胸腔下部明显叩浊音、呼吸音降低，可先在伤侧腋中线第6、7肋间做胸腔穿刺，如有血性液体抽出，应立即在该处安放闭式引流管。

2）肋骨骨折：一般的肋骨骨折，以受伤的局部疼痛为主要表现。处理时以4～5厘米宽的胶布在患者呼气末自下而上、由后向前呈叠瓦状将骨折的肋骨及上下邻近的两根肋骨粘贴固定，每条胶布前后端都要超过正中线 5 厘米。

多处肋骨骨折因破坏了胸阔的稳定性会出现反常呼吸，即所谓的"连枷胸"，如不及时纠正可出现呼吸衰竭。现场急救时，鼓励患者咳嗽、咳痰，必要时做气管切开，以有利于分泌物排出，也可用外压法、外固定法，恢复胸阔的稳定性。具体方法：用伤者的手心压紧浮动胸壁部位，或用沙袋置于受伤的胸壁包扎固定。如为侧卧位，伤侧在下，亦可暂时控制反常呼吸。

3）腹腔脏器脱出：腹腔开放性损伤致腹腔脏器如小肠、大网膜脱出等，如现场无手术条件，急救时应将伤员平卧、双膝屈曲，先用消毒巾将脱出的脏器覆盖住，再用大小相宜的容器将脏器盖住，注意边缘切不可压住脏器以免缺血坏死。如现场无适宜容器，可用厚敷料做成有一定硬度的保护圈围住内脏，再用三角巾或宽胶布做加压包扎。切不可将脱出脏器在现场送回腹腔，只有在大量脏器脱出，为防止休克的情况下，方可送回腹腔。

4. 包扎的基本原则及注意事项

（1）基本原则：一般应自远心端向躯干包扎，卷带须平整，用力应适中，不可太松，以免脱落，亦不宜过紧，以免妨碍血液循环；指趾端最好露出，以便观察血液循环情况；开始包扎到包扎终了，一般均做二周环形绷扎，连续绷扎时，每一周绷带应遮过前一周的 1/3 或 1/2；包扎完毕可用胶布、别针或将绷带打结予以固定，但固定处应避开伤口、骨隆突处及伤员坐卧时的受压部位。包扎时动作要轻柔、迅速、准确，以减少伤员痛苦。尽量用无菌敷料接触伤口，不要乱用外用药及随便拔出伤口内的异物（包括碎骨片）。

（2）注意事项：充分暴露伤口；伤口上加盖干净敷料，较深的伤口要填塞；腹腔脏器不要回纳，异物不拔出；松紧要适当，结不要打在伤口上。

三、骨折固定

骨折是创伤中最常见的损伤，它的发生常伴有周围血管受损，主要表现为局部疼痛、肿胀、畸形、受累部位的功能障碍等。骨折的急救原则是：有休克时，先纠正休克后固定；开放性骨折，先包扎止血再固定。

1. 骨折的判断

闭合性骨折可根据以下症状和体征来作判断：

（1）按、摸受伤部位疼痛加重，部分可触到骨折线，伤肢不能活动；

（2）畸形骨折段移位后，肢体变形，或伤肢比健肢短；

（3）人体没有关节的部位，骨折后出现假关节活动；

（4）可以感受到骨擦感或听到骨擦音。

2. 骨折固定方法及注意事项

凡是骨折、关节损伤、广泛软组织损伤的伤员，在搬运前都要做好固定。

（1）夹板固定。夹板固定前，必须先止血、包扎伤口。包扎时，暴露的骨折端不能送回伤口内以免损伤血管、神经及加重污染。夹板的长度要超过上下关节，宽度适宜。夹板与皮肤之间及夹板两端要加以纱布、棉花等物作垫子，以防局部组织压迫坏死。结打在夹板一侧，松紧应适当，指（趾）要露出，以便观察肢体血循环。

（2）利用躯干和健肢固定。无现成夹板和代用品时，可用三角巾或宽布带将骨折的上臂或前臂固定于躯干上，骨折的大腿和小腿固定于健肢上。具体方法：以上臂骨折为例，先用三角巾或宽布带将上臂固定于躯干上，再将前臂固定于胸前，肘关节呈90度功能位，如图6—2所示。大腿骨折时先将软垫放在两膝关节和踝关节之间，以防局部组织受压、缺血坏死，然后在骨折的上下端用布带将两大腿捆在一起，再固定两膝关节和踝关节。结打在前面、两腿之间。

图6—2　上臂骨折的固定

（3）部位固定：

1）锁骨骨折。可先用夹板放在肩背部做"T"形包扎固定。如无夹板时，可用宽布带在双肩及腋下有保护垫的情况下，以横"8"形绕两肩后，让伤员挺胸、双肩外展，再拉紧布带在背后打结。

2）四肢骨折。肱骨和尺、桡骨折，有夹板时，先用小夹板固定，再悬吊前臂。如无夹板时，可用宽布带或三角巾将患肢固定于自身躯干上。股骨和胫、腓骨骨折，有夹板时，用夹板固定；无夹板时，利用健肢固定法固定。

3）脊柱骨折。常见的脊柱骨折有颈、胸、腰椎骨折，脊柱骨折严重时伴有脊髓的损伤，可导致伤者截瘫。因此，凡脊柱骨折的伤员必须睡在硬板上，颈椎骨折时必须仰卧在硬板上，先在硬板上相当颈部的位置放上垫子，伤员平卧后再在头部两侧放上沙袋加以固定。胸、腰椎伤员平卧硬板时，先将腰部加垫，胸椎骨折伤员俯卧位时先将双肩和腹部位置放好垫子，伤员放好后，再在胸部、髋部、膝关节及踝关节处用 4 根布带将伤员与木板固定在一起，以防搬运途中损伤脊髓，如图 6—3 所示。

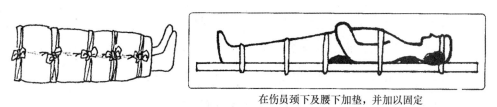

在伤员颈下及腰下加垫，并加以固定

图 6—3 脊柱骨折的固定

4）断肢（趾）伤的现场急救。随着医学的发展，断肢（趾）再植成功率越来越高，但成功与否同院前急救关系密切。急救时，断肢残端以消毒敷料作加压包扎止血；仍有出血时，可在离伤口约 5 厘米处用止血带止血，20 分钟放松一次，每次放松 2～3 分钟。离断端用消毒敷料包好，与伤员一起在伤后 6 小时内送往医院。如在盛夏季节中，可将包好的断指（趾）放于不漏气的塑料带中，再放入 4～6 摄氏度的冰槽中，尽快送往医院。

四、搬运伤员

1. 搬运伤员的一般原则

（1）搬运伤员要在确认伤员不会在运送过程中出现危险时方可进行；

（2）动作要轻，方法应稳妥；

（3）受伤部位不被挤压，不负重，脊柱不扭曲，不同的伤情选用不同的搬运方法；

（4）单人徒手搬运可采用抱、背、扶等方式；双人徒手搬运可采取拉车式、椅托式、手托式等方法。在危险的现场中，伤情允许的情况下，可用拖拉式将伤员先救到安全的地方再进行急救。

2. 搬运工具

可采用担架、木板、床单、躺椅等物进行伤员搬运。脊柱骨折伤员必须用平托式搬运，且要平躺在木板上。

3. 特殊伤员的搬运方法

（1）脊柱骨折。可由 3～4 人将伤员平托到硬板担架或木板上搬运。

（2）颈椎骨折。搬运时应由专人牵引固定头部，与躯干长轴一致，另有 3 人并排将伤员平托于硬板担架上，去枕平卧，头颈两侧用软垫固定，防止头部扭转和前屈。

（3）抽搐伤员。可用绷带捆扎在担架上，防止坠地受伤，口腔上下齿间要垫软物，防止舌咬伤。

（4）休克伤员。头部不能抬高，应平卧，足抬高 10 度。

（5）昏迷、脑外伤、颌面部损伤较重的伤员。应取侧卧位或俯卧位，切勿仰卧，以免舌后坠堵塞气道或血液、呕吐物等吸入呼吸道发生窒息。

4. 根据伤情的轻重缓急，安排伤员转送的顺序

先将重伤且能有抢救效果的伤员送走，再送轻伤员。各类伤员在转送途中必须有救护人员或医务人员护送，并随时对伤员进行生命体征和病情变化的监测，一旦变化，要做出相应的急救治疗。伤员在决定转送的同时要与接受医院的急诊室联系，并要求对方做好急救准备。急需手术治疗的伤员，途中还必须与手术医生、手术室联系，争取尽快手术，以挽救伤员生命。伤员送入医院时，护送医务人员必须将现场检查的伤情、途中监护及各种治疗措施详细告诉接诊医生。

五、心肺复苏技术

1. 人工呼吸

人工呼吸能在伤者或患者呼吸停止的各个场合使用。例如：电击，烟雾窒息，异物卡住喉咙，吸毒过量，非腐蚀性中毒，一氧化碳中毒，头部或胸部损伤，心脏病发作等。

人工呼吸急救前应确保伤者远离危险源，或已将危险源搬移。

（1）口对鼻人工呼吸法。口对鼻人工呼吸法按以下步骤实施：

1）将伤者仰面放置，使伤者头部偏向一边，用手指清出口中异物，如图 6—4 所示。

2）将伤者头部仰面放回，并翘起其头部，使下额角与地面保持 90 度，达到打开气道的目的。用一只手牢固地固定头顶，用另一只手使下巴朝上。闭上伤者的嘴，如图 6—5 所示。

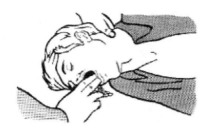
图 6—4 清除口中异物

图 6—5 打开通道

3）深吸一口气，如图 6—6 所示。

4）用口包住伤者的鼻部，防止嘴唇堵住伤者的鼻孔，进行口对鼻吹气。对于婴儿，则可用口包住其口和鼻，进行口对口鼻吹气，如图 6—7 所示。

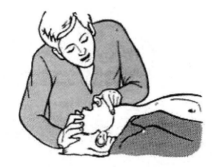
图 6—6 施救者深吸一口气

图 6—7 口对鼻吹气

5）向伤者吹气直到其胸部隆起，如果胸部无法隆起，将头部翘得更高一些，并再次尝试吹气。

6）如果伤者胸部隆起，救助者松开口。观察和诊听伤者的呼出，接着进行下一次吹气，如图 6—8 所示。

图 6—8 救护者松口换气

如果伤者无法呼出，用拇指将伤者的下嘴唇翻开使其口张开，以便让其呼气。"汩汩"的响声或者带有杂音的呼气声表明需要重复清除喉部异物的步骤，并且需要改变伤者头部仰放的位置。

7）在呼气结束时立刻吹气以使伤者胸部再次隆起。成人每分钟至少吹气 12 次左右，对婴儿吹气则要更加轻细以及更高的频率，每分钟至少 20 次。

8）当伤者开始有呼吸时，务必使救助者的吹气跟伤者的呼吸节奏保持一致。至少每两分钟检查伤者的脉搏 5 秒钟，直到伤者能够持续的自主呼吸。

9）如果有必要，持续进行人工呼吸直到获得医疗帮助。

（2）口对口人工呼吸法

口对口人工呼吸法按以下步骤进行：

1）一手将伤员的鼻腔捏住，另一手抬起下颚，以保持呼吸道通畅，如图 6—9a 所示。

2）接着，张大嘴深吸一口气，将嘴贴紧伤者的嘴。为了防止漏气，在吹气的过程中救助者的口必须将伤员的口包覆，如图 6—9b 所示。

3）松开并且移开口让伤者呼气，按照口对鼻人工呼吸法中步骤 6）、7）、8）、9）所给出的办法继续进行人工呼吸。

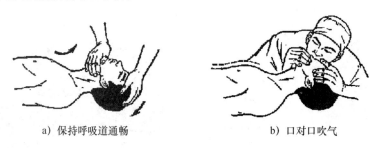

a）保持呼吸道通畅　　　　　　　b）口对口吹气

图 6—9　口对口人工呼吸

2. 心脏按压（胸外心脏按压）

（1）急救前检查。进行心脏按压法急救之前应对伤者进行检查。

1）诊断呼吸。

2）检查脉搏。

3）如果伤者已经停止呼吸，应立刻对伤者进行两次人工呼吸，接着检查颈部脉搏或者手腕处、腹股沟处的脉搏。或者直接检查心跳次数。如果没有反应，则表明心脏可能已经停止了跳动。

4）检查发现病人：

①当眼睑抬起时，扩散的瞳孔没有收缩；

②伤者没有呼吸和任何动静；

③伤者面无血色（苍白），或者皮肤呈白、青色。

如果以上症状同时出现并伴随着脉搏微弱，应立即开始心脏按压法抢救病人。

（2）心脏按压实施步骤如下：

1）"一看、二听、三感觉，摸颈动脉"，呼叫急救电话。

2）人工呼吸两次。

3）按压定位，胸骨中下三分之一处，如图6—10所示，将手放在患者的肋骨下端，然后将手指滑向肋弓上端与胸骨下端交界处，将一手掌放在胸骨的中下1/3交界处，另一手平行地重叠放在这只手的手背上。手掌的长轴是在胸骨的长轴上，这能使主要压力压在胸骨上，避免肋骨骨折的机会。

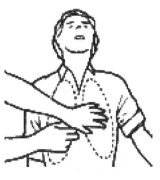

图6—10 按压定位

4）按压时，肘部伸直，双肩平行于患者胸骨，用上半身体重，垂直下压胸骨4～5厘米，如图6—11所示。

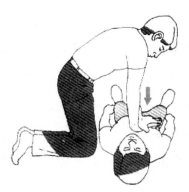
a) 肘部伸直，垂直向下按压胸部

b) 放松力量，但手掌不要离开患者的胸部

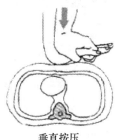
垂直按压

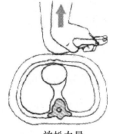
放松力量

图6—11 心脏按压方法

5）松弛，但手不离开原来的位置，速率100次/分钟。按压与放松的时间相等。30次后，进行两次人工呼吸，手重新定位，再进行30次心脏按压，完成5个周期。人工呼吸和心脏按压必须结合才能做到有效的心肺复苏。

如果有两名急救者，那么可以交替进行抢救。一人进行人工呼吸，另一人进行心脏按压，同样是每30次按压伴随两次人工呼吸。

第三节　典型生产安全事故现场急救

一、烧伤急救

1. 燃烧物烧伤

燃烧物烧伤的现场处理是否及时和恰当对以后的治疗有重要的影响，也关系到病人的生命安全。

烧伤现场处理的基本原则：解除呼吸道阻塞，有效地防止休克，保护创面不再污染和损伤。

（1）灭火。这是现场急救中的重要环节，要迅速采取一切措施使伤员尽快脱离火源，使烧伤程度不再继续严重。灭火方法因火源不同而异：

1）一般火焰可用水浇，或用毯子、棉被或沙土将火覆盖，使之与空气隔绝而熄灭；或让着火者跳入附近的较浅河沟、水池内灭火。

2）汽油燃烧的火焰要用湿布、湿棉被覆盖，使之与空气隔绝而熄灭；着火者亦可潜入水中片刻，使着火汽油漂浮在水面上。

3）化学性烧伤要迅速解脱衣服，用大量清水冲洗，特别是对面部及眼部的化学性烧伤应特别注意，及早发现并反复彻底的用清水冲洗。例如：磷烧伤要立即用湿布敷创面使之与空气隔绝，防止磷元素继续燃烧；最好使用2%碳酸氢钠液冲洗创面，取出可见的磷颗粒，并用湿敷包扎，忌用油质敷料，因无机磷易溶于脂质加速吸收引起磷中毒。

（2）保护创面。灭火后及时保护好创面是减少感染的重要环节之一。可利用消毒敷料或干净的被单、三角巾等将创面进行简单包扎加以保护，尽量不要刺破水泡，创面不要涂任何药物，以免影响对烧伤程度的判断。

（3）止痛。烧伤者多有剧烈疼痛和恐惧、烦躁不安情绪等。为了防止休克的发生，可口服止痛片或肌注止痛剂，但是有呼吸道烧伤或合并脑外伤者不能用吗啡类药物。

（4）合并伤的处理。对合并伤有出血、骨折者，要立即止血包扎、固定骨折。对合并有呼吸道烧伤并有呼吸困难者，可先用粗针头作环甲膜穿刺，有条件的应尽早做气管切开。

（5）有医疗条件时补充液体。烧伤者有大量体液渗出，应立即补充适当液体以防止休克发生。轻度烧伤者可采取口服补液，喝含盐饮料，不能喝白开水或糖开水；Ⅱ、Ⅲ度烧伤、烧伤面积在30%～50%之间的严重烧伤未出现休克体征者，可先口服补充液体并立即转送医院；有休克体征者或Ⅱ、Ⅲ度烧伤、烧伤面积超过50%者应立即进行静脉补充含电解质的液体。

现场处理后应尽快送医院作进一步治疗，途中要注意观察伤员神志、呼吸、脉搏、血压的变化。

2. 热力烧伤

热力烧伤是指由热液（热水、热粥、热汤、热饲料等）、热灰、蒸气、高温金属（固态、液态）热压伤及火焰等致烧伤。

（1）烧伤深度分类。目前采用三度四分法，即Ⅰ度烧伤、浅Ⅱ度烧伤、深Ⅱ度烧伤、Ⅲ度烧伤。其临床表现如下：

1）Ⅰ度烧伤。皮肤起红斑，烧灼痛，一般2～3天症状消失，3～5天愈合，脱屑后无疤痕。

2）浅Ⅱ度烧伤。皮肤起大水泡，基底部为红色，剧痛，2周左右愈合，不留疤痕，有色素沉着。

3）深Ⅱ度烧伤。一般不起水泡，或有较小水泡，基底部为红白相间，疼痛，3～4周愈合，多留疤痕。

4）Ⅲ度烧伤。创口表面为苍白、焦黄或焦黑色，痛觉消失，3～5周焦痂分离后需植皮修复，遗留疤痕。

（2）急救措施。烧伤病人的现场急救是烧伤治疗的起始和基础，正确的处理将对以后的病程产生十分重要的影响。

（3）热力烧伤急救原则。热力烧伤急救原则为：冲、脱、泡、盖、送。

1）冲：用冷水冲洗，可以控制局部的病理生理过程，减轻局部损害，减轻疼痛。

2）脱：在冷水冲洗后，立即脱去被热液浸渍的衣物，使热力不再继续作用。

3）泡：脱下被热液浸渍的衣物后，再继续冷水冲洗、浸泡。冲洗、浸泡所用水温越低、效果越好，一般在15℃以下，持续时间越长越好，一般不少于30分钟。但水温和时间也应结合季节、室温、烧伤面积、伤员体质而定，气温低、烧伤面积大、年老体弱，就不能耐受较大体表范围的冷水冲洗。

4）盖：在送至医院就诊前，创面用无菌敷料覆盖，没有条件的也可用清洁布单或被服覆盖，尽量避免与外界直接接触。

5）送：经过现场急救之后，为使伤员能够得到及时的、系统的救治，应尽快转送医院救治。送医院救治的原则是尽早、尽快、就近。

（4）常见烧烫伤现场急救：

1）中小面积烫伤急救。四肢创面常用浸泡或冲洗法，躯干、头部则用冲淋或湿敷。时间一般为30～60分钟，水温越低、冷疗时间越长，止痛效果越好。但在冬季水温应以伤者可以耐受、脱离水源后创面灼痛感（减轻）缓解为宜。冲洗过后的创面不可随意涂抹牙膏、酱油、碱粉、红汞、龙胆紫等，其后果往往适得其反。

2）火焰烧伤急救。应迅速脱掉燃烧的衣服，切忌奔跑、呼喊、以手扑火，以免助火燃烧而引起头面部、呼吸道和手部烧伤，应就地滚动，或用棉被、毯子等覆盖着火部位。适宜水冲，以水灭火，也可跳进附近浅水池或河沟内灭火；不适水冲的，用灭火器灭火，创面处理仍以冷水疗法。

3. 化学烧伤

化学烧伤是指由某种化学物质直接刺激、腐蚀皮肤，或其化学反应热导致的皮肤组织急性损伤。化学物质对局部组织的作用机理有氧化作用、还原作用、腐蚀作用、原生质毒、脱水作用与起疱作用。

（1）烧伤创面特点：

1）酸烧伤创面特点：强酸与皮肤、黏膜接触后，可使组织蛋白凝固，形成一层痂皮。临床上以痂皮的柔软度来判断烧伤的深浅：浅度烧伤者痂皮较软；深度烧伤者痂皮较韧，往往为斑状皮革样痂皮。

2）碱烧伤创面特点：由于烧伤后皮肤组织坏死和皮下脂肪的皂化，创面呈现为黏滑或肥皂状的焦痂，周围组织因烧伤较浅而呈潮红色，可见有小水疱。

（2）急救措施。酸、碱或其他化学物质造成的烧伤，均应迅速脱去被浸渍的衣物，并用大量清水长时间冲洗，以达到稀释和除去创面上存留的化学物质的目的。在尽快脱衣的同时也要注意保护，不要让浸透有化学物质的衣服接触到未被烧伤的皮肤，使烧伤面积增大。用水冲洗要注意水量要大，时间要足够长，因为有些化学物质遇水会产热，如果水量不足，散热不充分，反而会附加热力烧伤。

对酸、碱类烧伤，一般不主张用中和的方法，还是提倡用水冲洗。如果无禁忌和耐受问题，大量水冲洗时间不应少于2小时，有条件的用pH试纸测试，冲洗到pH值为中性。

（3）特殊烧伤现场急救：

1）生石灰烧伤。应先用干布或软毛刷将生石灰擦除干净，再用大量水冲洗，以避免生石灰遇水产热加重烧伤。

2）磷烧伤。无机磷的自燃点低，如果暴露于空气中，很易自燃，所以现场除用大量清水冲洗外，还应尽可能除去可见的磷颗粒，然后用湿布包扎创面，使磷与空气隔绝，防止继续燃烧。

3）眼部化学烧伤急救。用流动水缓慢冲洗眼睛20分钟以上，淋水时轻轻用手指撑开上、下眼睑，并嘱伤员眼球向各方转动。如眼睑不合并颜面严重污染或灼伤，亦可采取浸洗，即将眼浸入水盆中，频频眨眼。切忌揉挤眼睛，不要往眼部涂抹油性药物。

4. 电烧伤

电烧伤分为人体直接与电接触的电击伤和电弧或电火花烧伤。

（1）电击伤：

1）电击伤是指人体与电源直接接触后电流进入人体，电能在人体内转变为热能而造成大量的深部组织如肌肉、神经、血管、骨骼等坏死，在人体体表上有电流进出人体时造成的深度烧伤创面。其临床表现为早期出现昏迷、呼吸暂停和脉搏消失。

2）急救措施。急救人员应立即关闭电源，或用不导电的绝缘物如木棒、竹竿使伤员脱离电源，切记不可用手拉伤员或电器、电线，以免急救人员触电。急救的重要方面是对心肺功能的维护，对呼吸心跳停止的伤员，应立即进行有效的口对口人工呼吸和体外心脏按压。

（2）电火花、电弧烧伤：可按热力烧伤处理原则进行现场急救。

5. 烧伤伴合并伤时现场急救

在烧伤急救中，对危及伤员生命的合并伤，应迅速给予处理，如活动性出血，应给予压迫或包扎止血；开放性损伤争取无菌包扎和保护；合并颅脑和脊柱损伤者，应在注意制动下小心搬动；合并骨折者，应给予简单固定。

二、中暑急救

中暑是指在高温、高湿环境中持续工作，高温露天作业及大量出汗未能及时补充钠盐，以致机体体温调节功能紊乱所产生的一种急症。

1. 临床表现

（1）先兆中暑。大量出汗口渴、乏力、头昏、胸闷、心悸、体温正常或略高，离开高温环境，稍休息后可恢复正常。

（2）轻度中暑。先兆中暑的症状加重，体温38.5摄氏度以上，并出现呼吸循环衰竭的早期表现。

（3）重度中暑。出现高热、无汗、抽搐、谵妄、四肢肌肉及腹肌痉挛性疼痛、剧烈呕吐、消化道出血、昏迷、休克等。

2. 预防及处理

（1）高温作业中暑预防。露天高温作业者应戴宽檐帽；高温作业者必须穿宽松、透气衣服；多饮水（富含维生素C及盐）；合理安排休息；注意室内通风。

（2）中暑处理。让中暑者立即离开高温环境，转移到阴凉通风处休息，并解开衣服，呈平卧姿势，同时让中暑者多喝含盐饮料。对于先兆中暑者，可不进行特殊治疗，让患者自然恢复正常，同时可以给患者补充清凉含盐饮料，额部涂抹清凉油，口服人丹或正气水等。有呼吸循环衰竭倾向者，静脉滴注葡萄糖盐水等治疗。对于重症中暑者人，要立即送医院抢救治疗。

三、切割伤急救

1. 止血

对一般伤口只要局部加压包扎即可达到止血效果。对四肢大血管损伤用止血带最为有效，但绑扎部位要正确，上肢一般绑在肱部，下肢一般绑在股部，松紧要适宜，要有醒目的标志和缚止血带时间（写在伤员身上）。对手指的切割伤，采用压迫指间血管止血：用另一只手的拇指和食指捏紧出血的两侧（注：不是手指的掌、背面），稍微用力压向指骨，即可把手指间的血管压住，达到止血的目的。这个方法适用于各个手指、脚趾。

2. 清创

在压迫血管控制出血之后，即根据伤口的污染情况，进行清创，污染明显的用3‰双氧水或饮用矿泉水等易于找到的清洁水，冲洗去除伤口及周围的污秽。

3. 包扎

用压迫血管止血是一种临时的办法，利用这个办法可以争取到时间，进行必要的清创处理，但最后仍以包扎来起压迫止血和保护伤口的作用。一般可用消毒纱布、绷带等敷料包扎，初期可以包扎紧一点，但不能扎得太紧，以免影响局部血液供应，以包扎后患肢不感到"胀、麻"为度，包扎后抬高患肢以免再度出血。

经上述处理，伤口仍然出血不止，可敷以"云南白药"包扎。若无清创、包扎条件者，则应在采取压迫血管止血的同时，及时到医务室或医院就诊。

四、触电急救

1. 触电的危害

触电伤害包括电伤、电击和机械性损伤三大类：

（1）电伤是指由电流的热效应、化学效应、机械效应等对人体造成的伤害。电伤一般表现为电流对人体表面的伤害，它往往不致危及生命。

（2）电击是指一定强度的电流通过人体内部，刺激机体的生物组织使肌肉收缩。各个器官组织机能紊乱，轻者引起疼痛发麻，肌肉抽搐，重者引起强烈痉挛，导致呼吸、心搏停止而死亡。

电击是最危险的一种伤害，绝大多数的触电死亡事故都是由电击造成的。尽管大约85%以上的触电死亡事故是电击造成的，但其中的大约70%又含有电伤原因。

（3）机械性损伤是指电流作用于人体时，由于中枢神经反射和肌肉强烈收缩等作用导致的机体组织断裂、骨折等伤害。

2. 触电的伤害表现

（1）触电伤害轻者可以出现恐惧、紧张、大喊大叫、身体有难以耐受的麻痛感，被救下后有头晕、心悸、面色苍白，甚至昏厥，清醒后伴有心慌和四肢软弱无力；

（2）触电伤害较重者可出现呼吸浅而快、心跳过速、心律失常或短暂昏迷；

（3）触电伤害严重者出现四肢抽搐、昏迷不醒或心搏骤停；

（4）表现出不同部位、深度、面积的电烧伤；

（5）伴有高空坠落伤。

3. 急救

当看到有人触电时，不可惊慌失措，要沉着应对，越短时间内开展急救，伤员被救的概率就越大。

（1）先关闭电源，使触电者与电源分开，然后根据情况展开急救。使人体和带电体分离方法如下：

　　1）关掉总电源，拉开闸刀开关或拔掉熔断器；

　　2）如果是家用电器引起的触电，可拔掉电源插头；

　　3）使用有绝缘柄的电工钳，将电线切断；

　　4）用绝缘物从带电体上拉开触电者，如一时找不到电源开关可用干的木棍、竹竿使其脱离电源。

　　（2）触电现场急救：当触电者脱离电源后，如果神志清醒，使其安静休息；如果严重灼伤，应送医院诊治；如果触电者神志昏迷，但还有心跳呼吸，应该将触电者仰卧，解开衣服，以利呼吸；周围的空气要流通，要严密观察，并迅速请医生前来诊治或送医院检查治疗。如果发现触电者呼吸停止，心脏暂时停止跳动，要迅速对其进行人工呼吸和心脏按压急救。

4. 触电急救的注意事项

　　（1）对于触电者的急救应分秒必争。发生心搏呼吸骤停的触电者，病情都非常危重，这时要一面进行抢救，一面紧急联系，就近送触电者去医院进一步治疗。在转送触电者去医院途中，抢救工作不能中断。

　　（2）处理电击伤时，应注意触电者有无其他组织损伤，如触电后弹离电源或自高空跌落，常并发颅脑外伤、血气胸、内脏破裂、四肢和骨盆骨折等。

　　（3）现场抢救中，不要随意移动伤员，因移动伤员必然耽搁抢救时间。确需移动伤员或将其送医院，除应使伤员平躺在担架上并在背部垫以平硬阔木板外，应继续抢救，对心搏、呼吸停止者要继续人工呼吸和胸外心脏按压，在医务人员未接替前救治不能中止。

　　（4）对电灼伤的伤口或创面不能用油膏或不干净的敷料包敷，应及时送医院处理。

　　（5）有些严重电击伤患者当时症状虽不重，但在一小时后可突然恶化。有些伤者触电后，心搏和呼吸极其微弱，甚至暂时停止，处于"假死状态"，因此要认真鉴别，不可轻易放弃抢救。

五、急性职业中毒急救

1. 迅速脱离现场

　　事故发生后，应迅速将污染区域内的所有人员转移至毒害源上风向或空气新鲜的安全区域。

2. 防止毒物继续吸收

尽快清除未被吸收的毒物，是最简单而重要的现场处置方法，其效果远胜于吸收后的解毒或其他治疗措施。

当皮肤被酸或碱性化学物灼伤或被易通过皮肤吸收的化学品污染后，应立即脱去污染的衣服（包括贴身内衣）、鞋袜、手套，用大量流动清水冲洗，同时要注意清洗污染的毛发，冬天宜用温水，忌用热水冲洗。切忌用油剂油膏涂敷疮面。对化学物溅入眼中者，及时充分的冲洗是减少组织损害的最主要措施，对没有洁净水源的地方，也可用自来水冲洗。以上冲洗时间均不应少于 10～15 分钟。

3. 尽快排除已吸入体内的毒物

对吸入毒物中毒者，应立即送到空气新鲜处，使其安静休息、保持呼吸道通畅、必要时给予吸氧、促进毒物从呼吸道的排出；对口服毒物中毒者应尽早进行催吐，除用手法刺激咽后壁外，也可口服吐根糖浆催吐。

4. 尽快求助

可打电话或者联系单位进行求助。

（1）"110"：对使用有毒有害物进行威胁、谋杀、恐怖的事件及重大化学事故/中毒事件，应对现场进行控制隔离、对嫌疑人进行控制调查、组织人员疏散等。公安人员有依法强制处理现场各类情况的权利，在有些城市，"110"有协调各方联动的机制。

（2）"119"：对已经出现或可能出现的危险化学品事故，均可通过此报警电话获得帮助。消防队员能够协助处理危险源、控制毒物泄漏，从中毒现场转移危重伤员、抢救有毒现场的重要设备等。我国消防机构是一个功能完备的灾害应急机构，有专业的化学事故救援队伍，配备有快速毒物检测、危险源控制装备，拥有快速交通工具、完善的个体防护装置及其他救援设备，人员接受过救援专业培训。是危险化学品事故现场救援的主要力量。

（3）"120"：在危险化学品事故中有人员接触有毒有害物质或已经出现人员伤亡时，医疗急救中心能够迅速地组织医务人员到现场开展中毒患者现场抢救、治疗。急救中心有专业的现场危重患者抢救处置能力，具备患者快速转运工具，配备现场患者急救及心肺复苏设备。在大多数城市中，要求急救的医务人员在 5～15 分钟内到达现场开展抢救工作。

（4）中毒控制中心（一般挂靠当地疾控中心）：是我国政府设立的专门处理中毒事故

的机构，这些机构均开通了 24 小时热线服务电话，可提供有关物质的毒性、患者诊断治疗的信息；能够开展事故现场卫生学影响评价和制定现场处理方案及事故长期对健康影响监测。危险化学品企业最好提前了解并公布其所在区域中毒控制中心热线电话，以备急用。

5. 实施急救

救援者必须佩戴个人防护器材进入中毒环境抢救，并迅速堵住毒源及消洗毒物，阻断有毒物质散发及进一步侵入人体。在自救、互救中可采取简易有效地防止毒物进入呼吸道及消化道的方法，如湿毛巾捂住口鼻，塑料马甲袋套住头面部等。做好中毒者保心、保肺、保脑、保眼的现场急救，如心肺复苏，口对口人工呼吸（救护者应避免吸入中毒者呼出的毒气），眼部污染毒物的清洗等。对重症中毒者应注意其意识状态、瞳孔、呼吸、脉搏及血压的变化，及时去除口腔异物，若发现呼吸循环障碍时，应就地进行心肺复苏急救。

六、淹溺急救

淹溺，又称溺水，是人淹没于水中，水充满呼吸道和肺泡引起窒息，吸收到血液循环的水引起血液渗透压改变、电解质紊乱和组织损害，最后造成呼吸停止和心脏停搏而死亡。淹溺后窒息合并心脏停搏者称为溺死，如心脏未停搏则称近乎溺死。不慎跌入粪坑、污水池和化学物贮槽时，可引起皮肤和黏膜损伤及全身中毒。

淹溺患者常伴有有昏迷、皮肤黏膜苍白和发绀、四肢发冷、呼吸和心跳微弱或停止等症状，口、鼻常充满泡沫或淤泥、杂草，腹部常隆起伴胃扩张。复苏过程中可出现各种心律失常，甚至心室颤动，并可有心力衰竭或弥散性血管内凝血的各种临床表现，较常见肺部感染症状。淹溺者中约有 15％死于继发的并发症，应特别警惕迟发性肺水肿的发生。

1. 现场自救与互救

（1）自救。落水后不要心慌意乱，应保持头脑清醒，自救方法是采取仰面位，头顶向后，口向上方，则口鼻可露出水面，此时就能进行呼吸。呼气宜浅，吸气宜深，一般能使身体浮于水面，以待他人抢救。不可将手上举或挣扎，举手反而易使人下沉。

会游泳者，若因小腿腓肠肌痉挛而致淹溺，应息心静气，及时呼人援救，同时自己将身体抱成一团，浮上水面；深吸一口气，把脸浸入水中，将痉挛（抽筋）下肢的脚拇指用力向前方拉，使脚拇指跷起来，持续用力，直到剧痛消失，痉挛也就停止。一次发作之后，同一部位可能会再发痉挛，所以对疼痛处要充分按摩并慢慢向岸上游，上岸后亦应再按摩和热敷患处。若手腕肌肉痉挛，自己将手指上下屈伸，并采取仰面位，以两足游泳。

（2）互救。救护淹溺者应保持镇静，下水前尽可能脱去衣裤，尤其要脱去鞋靴，迅速游到淹溺者附近。对筋疲力尽的淹溺者，救护者可从头部接近。对神志清醒的淹溺者，救护者应从背后接近，用一只手从背后抱住淹溺者的头颈，另一只手抓住淹溺者的手臂游向岸边。

无论救护者游泳技术是不是熟练，则最好都要携带救生圈、木板或用小船进行救护，或投下绳索、竹竿等，使淹溺者握住再拖带上岸。

救援时要注意，防止被淹溺者紧抱缠身而使救援者自身处于危险境地，如被抱住，应放手自沉，使淹溺者手松开，再进行救护。

（3）头及脊柱损伤淹溺者的抢救。一般情况下，未经过救护特殊训练的人员，在急救时应遵循以下基本原则：

1）不要从水中移出受伤者；

2）保持淹溺者背朝上浮起；

3）等待帮助；

4）始终保持头颈的水平与背一致；

5）在水中保持和支持气道通畅。

若在较浅水中发现无意识的淹溺者，不要试图将他移出，因盲目移出反而会加重伤情。若其有呼吸，应使其保持面部朝上的姿势，支持其背部而稳定头及颈部。若水太深、太冷或有潮流，或需进行心肺复苏，则将其从水中移出，以防止进一步损伤。在水中稳定淹溺者，并平稳仔细地移出淹溺者很重要，若无背板或无其他硬支撑物可用作夹板时，不要轻易将淹溺者从水中移出。很多淹溺者被发现时脸朝下浮起，则必须立即翻转背部。

2. 医疗急救

（1）淹溺者被救上岸后首先清除其口鼻淤泥、杂草、呕吐物等，并打开气道。

（2）控水处理（倒水），时间不宜过长（1分钟即够）；

（3）心肺复苏，及早进行气管插管，心力衰竭者可用毛花苷 C（西地兰），心律失常者可用抗心律失常等药物治疗；

（4）溺水主要并发症有脑水肿、肺水肿、急性呼吸窘迫综合征、溶血反应、酸中毒、水和电解质紊乱、急性肾功能衰竭、弥漫性血管内凝血等；

（5）淡水淹溺用 3% 生理盐水 500 毫升静脉滴注，海水淹溺用 5% 葡萄糖溶液

500~1 000 毫升静脉滴注，或右旋糖酐 40~500 毫升静脉滴注；

（6）淹溺者，尤其近乎溺死者必须转送医院观察和治疗，即使被认为危险已度过，因为近乎溺死者可在淹溺发生后 72 小时死于继发的并发症。

3. 注意事项

相当多的溺水者被发现时处于"假死"状态，被救希望仍很大，无论采取何种方式急救，均应持久地坚持下去。溺水抢救应就地进行以免因送医院而延误时间，同时，应尽快和医院取得联系。医生在抢救过程中会酌情使用强心药和呼吸兴奋剂，对尽快纠正呼吸循环衰竭常有很大的帮助。

七、高处坠落急救

高处坠落事故多见于建筑施工和电梯安装等高空作业，伤员通常有多个人体组织系统或多个器官的损伤，严重者当场死亡。高空坠落伤害除有直接或间接受伤器官表现外，还可伴有昏迷、呼吸窒迫、面色苍白和表情淡漠等症状。高空坠落时，足或臀部先着地，外力沿脊柱传导到颅脑而致伤；由高处仰面跌下时，背或腰部受冲击，可引起腰椎前纵韧带撕裂，椎体裂开或椎弓根骨折，易引起脊髓损伤；脑干损伤时常有较重的意识障碍、光反射消失等症状，也可出现严重并发症。

发生高处坠落后，首先要立即快速检查伤情：是否有头部损伤意识丧失，是否有呼吸、心跳停止，是否有四肢骨折、脊柱骨折及出血等。然后本着先救命后救伤的原则，根据具体伤情给予相应的现场急救。

现场急救措施如下：

（1）去除伤员身上的用具和口袋中的硬物。

（2）在搬运和转送过程中，颈部和躯干不能前屈或扭转，而应使脊柱伸直，绝对禁止一个抬肩一个抬腿的搬运方式，以免发生或加重截瘫。

（3）创伤局部妥善包扎，但对疑颅底骨折和脑脊液漏伤者切忌作填塞，以免导致颅内感染。颌面部伤员首先应保持呼吸道畅通，松解伤员的颈、胸部纽扣。

（4）复合伤要求平仰卧位，解开衣领扣，保持呼吸道畅通。

（5）周围血管伤、压迫伤部，可直接在伤口上放置厚敷料，绷带加压包扎以不出血和不影响肢体血循环为宜。

（6）快速平稳地送医院救治。